纳什博弈论论文集

ESSAYS ON GAME THEORY

by

John F. Nash, Jr

【美】约翰·纳什 著

张良桥 王晓刚 译 王则柯 校

John Nash

首都经济贸易大学出版社

Capital University of Economics and Business Press

图书在版编目(CIP)数据

纳什博弈论论文集/(美)纳什著;张良桥,王晓刚译. —北京:首都经济贸易大学出版
社,2015.8
ISBN 978 - 7 - 5638 - 2382 - 6

Ⅰ.①纳… Ⅱ.①纳…②张…③王… Ⅲ.①博弈论—文集 Ⅳ.①O225

中国版本图书馆 CIP 数据核字(2015)第 151596 号

Essays On Game Theory

Copyright © John F. Nash, Jr, 1996

Copyright © introduction, Ken Binmore, 1996

根据 Edward Elgar 出版公司 1996 年版翻译

著作权合同登记号

图字:01 - 1999 - 1205 号

纳什博弈论论文集

约翰·纳什 著   张良桥   王晓刚   译

出版发行	首都经济贸易大学出版社	
地　　址	北京市朝阳区红庙(邮编100026)	
电　　话	(010)65976483 65065761 65071505(传真)	
网　　址	http://www.sjmcb.com	
E - mail	publish@cueb.edu.cn	
经　　销	全国新华书店	
照　　排	北京砚祥志远激光照排技术有限公司	
印　　刷	北京九州迅驰传媒文化有限公司	
开　　本	710 毫米×1000 毫米 1/16	
字　　数	206 千字	
印　　张	11.75	
版　　次	2015 年 8 月第 1 版 2021 年 12 月第 4 次印刷	
书　　号	ISBN 978 - 7 - 5638 - 2382 - 6	
定　　价	29.00 元	

谨以此书献给约翰·纳什夫妇

出版说明

　　2015 年 5 月 24 日,纳什教授与 82 岁的妻子艾丽西娅在美国新泽西州乘坐出租车时,因车辆失控遇难。他是在挪威领取了数学界的阿贝尔奖,返回美国后从机场前往家中的路上遇难的。听到这一消息,作为《诺贝尔经济学奖获奖者学术精品自选集》的出版者心情十分沉痛。纳什教授一生坎坷,现在又以这样的方式离开世界,令人扼腕唏嘘。

　　约翰·纳什(1928—2015)是美国普林斯顿大学数学系教授,博弈论的奠基人之一。他青年时代提出的"纳什均衡"及其后续理论影响了数学界,也改变了经济学乃至整个社会科学的面貌。30 岁后,纳什先生开始遭受妄想型精神分裂症的折磨,事业停顿,家庭解体。30 年后,他病情好转,重新回到工作岗位。1994 年因其对"非合作博弈均衡分析,以及对博弈论的其他贡献"荣获"诺贝尔经济学奖"。

　　对中国人来说,知道纳什教授的人恐怕很少,与他有过接触的人恐怕就更少了。有幸的是,我们出版社的编辑却是这少数人中的几个。1997 年,出版社决定出版《诺贝尔经济学奖获奖者学术精品自选集》。这套丛书采用由获奖者自定书目的方式确定收入其中的著作。为此我们的编辑于 1997 年 11 月 22 日给纳什教授发出了第一封信。坦白地说,我们是怀着惴惴不安的心情写信给他的:除了对他身心状况的担心外,更多的担心是这位享誉世界的大师能否理会我们的要求。但没过多久,我们却如愿以偿了:次年 1 月 13 日,出版社的传真机吐出了一张来自美国普林斯顿大学的传真,满篇的手写英文在一大堆用电脑打印的文件中特别显眼。纳什先生回信了!他在信中说:"我不是很清楚你们想出版什么样的书籍或文章。但是我有一本最近出版的有关博弈论的书,经济学家们对博弈论的研究很感兴趣。"

此后,纳什先生又把出版商的详细联系方式告诉了出版社。他自己并主动向出版商询问中文版版权的事宜。得知出版商并不拥有版权后,纳什欣然同意首都经济贸易大学出版社出版这本书的中译本,并在以后的书信中就这本书的序言、版税、照片等细节问题一一进行了安排。

所有传真和来信,纳什先生都是亲笔手书的,前后共计十余封。每一封信,纳什都习惯性地说明是要回复我们哪一天的来信,如果涉及另外的机构或个人,他一定会把他们的电话、传真、电子邮箱等联系方式写得清清楚楚,生恐我们联系不上。1999 年 2 月 25 日,他因为电子邮件被退回,还专门发了一封道歉的传真说明情况。从文字来看,纳什先生的思维跟常人一样,甚至比常人更热情和周到。1999 年 3 月 4 日,纳什先生正式同意授权。当时中国的春节刚过去不久,纳什先生还特意在信中向编辑部致以新春的问候。

在计算机普及的时代,大师却手书信件十余封,足见他认为此书在中国的出版意见非凡,正如他在帮助出版社与本书序言的作者宾默尔教授联系的信中幽默地写的那样:"用一种能有 10 亿人使用的语言出版这本书是一件很有价值的事情。虽然只会有一小部分人对这本书感兴趣。"

在我国著名经济学家王则柯教授的帮助下,中译本《纳什博弈论论文集》于 2000 年 11 月顺利出版。书前附有纳什教授的一帧照片,这是纳什教授特意为中国读者挑选的。照片上的老人清瘦、含笑,显现出其慈祥、质朴、平易近人的风貌;深邃的目光放射出智慧的光芒和对科学执着追求的精神;那深深的皱纹烙印着他坎坷的人生经历,看到这帧照片便会对这位老人心生敬意。

纳什教授遇难后,我们决定重新整理出版《纳什博弈论论文集》,作为对这位学界精英的永久纪念。本次再版,我们对原译本在编辑、排版、印刷等方面的不足进行了改进。为使读者更加了解纳什教授的经历并走进他的内心深处,特增加了附录《纳什访谈录》。我们希望这本书能够为中国学界了解纳什的学术贡献有所帮助,并推动博弈论在中国各个领域的广泛应用。

谨以本书献给约翰·纳什夫妇!

出版者
2015.6

目　　录

致　谢

出版者向以下材料的惠予使用版权者致以衷心的感谢：

Annals of Mathematics for: 'Non – cooperative Games', **54**(2), September 1951:286—295.

The Econometric Society for: 'The Bargaining Problem', *Econometrica*, 18,1950:155—162; 'Two – Person Cooperative Games', *Econometrica*, **21**, 1953: 128—140; 'A Comparison of Treatments of a Duopoly Situation', with J. P. Mayberry and M. Shubik, *Econometrica*, **21**, 1953: 141—154.

John P. Mayberry and Martin Shubik for: 'A Comparison of Treatments of a Duopoly Situation', *Econometrica*, **21**, 1953:141—154.

John W. Milnor for: 'Some Experimental, n – Person Games'. with G. K. Kalisch and E. D. Nering, in R. M. Thrall, C. H. Coombs and R. L. Davis(eds) *Decision Processes*, 1954, John Wiley&Sons Inc., 301—327.

Princeton University Press for: 'A Simple Three – Person Poker Game', with L. S. Shapley, *Annals of Mathematic Studies*, **24**, reprinted here from H. W. Kuhn and A. W. Tucker(eds), *Contributions to the Theory of*

Games, Volume Ⅰ, 1950, 105—116.

Robert Thrall for: 'Some Experimental *n* – Person Games', with G. K. Kalisch, J. W. Milnor and E. D. Nering, in R. M. Thrall, C. H. Coombs and R. L. Davis(eds) *Decision Processes* 1954, John Wiley & Sons Inc. , 301—327.

出版者将努力追溯出所有材料的版权所有者,但如有遗漏,出版者将非常乐意即时做出必要的安排。

序　言

肯·宾默尔

（Ken Binmore）

【摘要】纳什对非合作博弈理论真正重大的贡献，在于他为这一学科提供了一个概念性的框架。对他来说，这个创造可能看起来并不费力，但是这一步对他的前人来说却是不可逾越的鸿沟。

现在经济学家们已经习惯于用他所应用的这种公理化方法来表达像纳什讨价还价解这样的合作解概念，但在当时他提出这种类型的公理是史无前例的。特别是，他提出应该把讨价还价解定义为讨价还价问题的整个集合到所有可能的结果组成的集合的一个函数，这种思想更是空前的。

纳什(John Nash)将与哈萨尼(John Harsanyi)、泽尔滕(Reinhard Selten)分享 1995 年度诺贝尔经济学奖的消息(实际获得的是 1994 年度的诺贝尔经济学奖——译注)受到了双重欢迎。这不仅意味着他年轻时取得的卓越成就得到了与其重要性相匹配的认可,而且意味着那长期困扰着其生活的疾病已经得到了缓解。我希望这本他青年时期的论文集能提醒大家:纳什又回到了他作出过卓越贡献的学术界来了。

在这篇有关纳什的工作的简短的序言中,我将集中介绍他对合作博弈和非合作博弈的重要贡献。他的这些贡献主要体现在 1950,1951,1953 年发表在《计量经济学》(Econometrica)和《数学年刊》(Annals of Mathematics)的三篇重要论文中。

非合作博弈理论

冯·诺依曼(Von Neumann)[13]在 1928 年创立了二人零和博弈理论。事实上,他的一些思想波雷尔(Emile Borel)①早就预见到了。但是正如冯·诺依曼后来意识到的:没有他的最大最小定理(该定理说明每一个二人零和博弈均有一个解),博弈论便无从谈起。直到摩根斯滕(Morgenstern)说服冯·诺依曼并与之合著《博弈论与经济行为》[14]一书,冯·诺依曼在经济学上取得的成就的意义才引起人们的重视。该书出版于 1944 年,并且在当时引起了强烈的反响,使得人们对通过博弈理论把经济学变成像物理学一样可预测的科学寄予很大的希望。现在看来,这种希望显然是很天真的,就像在 70 年代,当隐

---

① 波雷尔已经归纳出了纯策略和混合策略的概念,他用这些概念分析了简单扑克牌游戏。他也考察过最小最大定理正确的可能性,但是认为不大可能成立。

含在纳什发现中的东西首次被充分发掘而引起博弈论的复兴时,人们对之寄予了同样的希望一样。现在人们不再期望博弈论会使经济学在一夜之间发生根本的变化。但是随着我们殚精竭虑地逐渐学会把博弈论的预测结果与从心理学实验中得出的互动学识的数据联系起来,任何理论家都不会怀疑博弈论最终将会取得这一成就。

冯·诺依曼和摩根斯滕在《博弈论与经济行为》一书中,第一部分的分析与第二部分的分析存在着明显的风格不一致的地方。这种不一致性还保留在现代博弈论里面,那就是合作博弈与非合作博弈的区分。

《博弈论与经济行为》一书的非合作博弈部分主要处理一类特殊的博弈——二人零和博弈。对于这类博弈,其结果是双方的支付之和均为零。冯·诺依曼和摩根斯滕认为这类博弈的解通常要求双方采取混合策略,即为了使对方猜不透自己究竟采取何种策略①,各参与人随机地选择自己的纯策略。至于以什么样的概率选择各纯策略,他们在《博弈论与经济行为》一书的非合作部分中指出:不管对方采用何种策略,他应该选择混合策略以保证期望支付不少于他的保障支付的水平。他的保障支付水平是指能够得到如此保证的最大支付。(我常常把编号为"奇数"的参与人称为"他",把编号为"偶数"的参与人称为"她"。对于没有编号的参与人,为简便起见,常用代词"他"来表示。)

---

① 如果觉得理性博弈可能会出现随机化选择看起来有些奇怪,那么让我们来考虑一下扑克牌博弈。显然,在扑克牌博弈中有时候参与人必定会使用欺骗手段。如果一方仅仅在高牌时下注,那么他的对手很快会知道,除非自己拿了更高的牌,否则他应该选择退出。同样,一方显然也不应该以一种可预测的方式去讹诈对方。只要一方仔细地选择他讹诈的频率,那么他随机选择哪一次讹诈就很有意义。

一个参与人在计算他的保障支付水平时,首先计算他运用每一个混合策略将得到的最小支付。所有这些最小支付的最大值即为保障支付水平。冯·诺依曼和摩根斯滕用于分析二人零和博弈的方法因而被称为"最大最小准则"。由于冯·诺依曼[13]著名的最小最大定理①断言博弈双方的保障支付水平之和为零,所以在二人零和博弈中应用最大最小准则是合理的。除非对手得到低于保障水平的支付,否则谁也别想得到多于他的保障支付的水平。另一方面,因为任一参与人均可以自由地应用最大最小准则且保证他至少能够得到他的保障支付的水平,所以他们不会满足于获得少于保障支付的水平。因此,二人零和博弈的合理结果,应该是每一方正好得到他的保障支付的水平。

然而,在经济学中二人零和博弈并不会引起人们太大的兴趣。如何把它推广到支付之和非零的博弈中去呢? 直到今日,仍然存在着这样一种学派思想,即简单地把最大最小准则看成是一个理性决策问题中普遍适应的原则,并且不加区别地运用。但是,这样做过于轻率。如果参与人Ⅰ知道参与人Ⅱ是理性的,并且知道理性人会运用最大最小准则,那么他自己就不会使用最大最小准则,而是采用作为相对于对方最大最小策略的最优反应的策略。除非像在二人零和博弈那样,这个最优反应恰好就是最大最小策略,否则当参与人Ⅱ知道参与人Ⅰ是理性的,并且知道理性的参与人Ⅰ知道参与人Ⅱ是理性时,我们就会得出一种不相容的结果。

---

① 为什么是最小最大而不是最大最小呢? 该定理常常用以下形式描述:$\max_p \min_q \Phi(p,q) = \min_q \max_p \Phi(p,q)$,其中,$\Phi(p,q)$ 为如果参与人Ⅰ使用混合策略 p 而参与人Ⅱ使用混合策略 q 时参与人Ⅰ的期望支付。这个等式的左边是参与人Ⅰ的保障支付水平;等式的右边是参与人Ⅱ保障支付水平的相反数。

纳什[6]把这种最优反应的分析作为对冯·诺依曼最大最小定理推广的基础。一个策略对要成为二人博弈的解的起码要求是:其中每一个策略必须是另一策略的最优反应。这样的策略对,现在称之为**纳什均衡**,它是非合作博弈理论的基础。任何权威的博弈论著作都不可能再提出一个策略对作为博弈的解,除非这个策略对就是一个纳什均衡。如果某本书建议参与人Ⅰ采用一个策略,而这个策略并不是他对该书建议参与人Ⅱ采用的策略的最优反应,那么如果参与人Ⅰ相信参与人Ⅱ会选取书中所推荐的策略,他就不会选择与之对应的策略。因此,对冯·诺依曼和摩根斯滕的二人零和博弈理论适当的推广,并不是没有头脑地把最大最小准则用于所有的决策问题。适当的推广只是简单地指出,如果一个非合作博弈有一个解,那么该解必是博弈的纳什均衡。

为什么冯·诺依曼和摩根斯滕他们没有得出这种推广呢?他们当然知道,只有在一方参与人的最大最小策略正好是另一方的最大最小策略的最优反应时,对二人零和博弈而言最小最大定理才成立。我猜想是因为他们认为知道"博弈的解必是纳什均衡"这一点并不总是那么有用。经济学里许多有趣的博弈通常有很多不同的纳什均衡——纳什[5]要价博弈就是一个代表性的例子。然而,当一个博弈有许多纳什均衡时,选择哪一个作为博弈的解呢?

就二人零和博弈而言,不存在解的选择问题,因为在这样的博弈中所有的纳什均衡都同样地令人满意。我想,冯·诺依曼和摩根斯滕可能已经发现这一点在一般情况下并不总是成立的,他们之所以什么也没有说,是因为还说不出让自己满意的东西来。正如他们可能感觉到的那样,上面对纳什均衡概念的论证,完全是消极的。该论证除了说明纳什均衡会是博弈的解以外,什么也没有说。然而,参与人选择这一策略而非另一策略时必须有积极的理由。事实上,在二人零和博弈中,一个理性的参与人的确有积极的理由选择其最大最小策略:这个策略保证了他获得保障水平的支付。

然而,正如纳什的论文所记载的那样,他提出均衡的概念,除了作为博弈的理性解的一种表示方法以外,还有其他的理由;并且他认识到存在一个互动的调整过程,在该过程中,有限理性的当事人通过不断地观察他的可能的对手的策略选择,不断地学习调整自己的策略以获得更大的支付。如果这个策略调整过程收敛的话,一定会收敛于纳什均衡。

最近的实验工作已经确认,这是一条在实验室中达到纳什均衡的路径——它不是经过一个复杂的推理过程而是根据实验对象所做的选择而得出的。例如,在平滑化的纳什要价模型中,我的实验对象经过仅30次尝试就成功地收敛于纳什均衡,且在此过程中没有迹象表明他们经过任何认真的思考,即使在博弈前他们曾因配对与一个预先编好程序的机器人博弈而被锁定在偏离均衡点的焦点上(Binmore et al.[3])。在这个实验和许多其他实验中,纳什均衡成功地预测了对象的长期行为,所有的实验证据都表明,他们是通过非大脑皮层的"试验—失误"的学习过程来找到引向均衡的道路的。也没有证据说明实验对象在二人零和博弈中随机选择的策略与冯·诺依曼的下述观点一致:理性人在博弈中按照确保能得到保障水平的支付选择策略。相反,当实验对象在二人零和博弈中收敛于一个混合策略时①,他们也以同样的理由在其他的博弈中收敛于混合策略。

① 对于这一情况的可能性还存在争论。然而,如果实验条件合适的话,在二人零和博弈中实验对象确实趋向于混合策略纳什均衡,肯·宾默尔等人[4]由此得到了强有力的支持。

具有讽刺意味的是,有关纳什均衡的纳什论文[6]带来巨大反响的部分原因,在于没有多少人知道纳什关于其均衡思想值得研究的理由的观点。然而,大家都知道,古诺(Cournot)在1830年已经从研究双头垄断行业这一特殊的例子中归纳出了纳什均衡的思想,只是由于他用以证明其思想的调整机制(近视的古诺调整)的非现实性而一直受到批评。不过,纳什并不知道古诺。他过去和现在都是一个数学家,且习惯于用抽象而简洁的方式描述事物,而这种方式仅仅考虑与待证定理直接相关的东西。因此,他的论文不仅使经济学家们见识到纳什均衡思想的广泛应用,而且也使得他们在讨论最终将收敛的均衡时,不必再像过去那样受相关均衡过程的动态机制的束缚。回顾过去,当80年代的博弈论理论家通过对超理性的参与人更精确的定义,来寻求解决均衡选择问题而毫无结果时,这种自由度几乎变成了精炼纳什均衡的一种必备的知识。但是,我们现在又回到了对古诺调整过程的研究。这样一种事实不应使我们忘记如下事实的伟大历史意义:即在均衡的选择不是太重要的情况下,纳什方法使这些研究所涉及的艰巨而又复杂的讨论变得更加简化。

我们并不清楚纳什自己是否如此看待他对非合作博弈所做的贡献。他更看重他在证明"所有有限博弈至少有一个纳什均衡"时所涉及的数学方面的成就。(值得注意的是,在数学界纳什被公认为一流的数学家。即使他根本没有研究过博弈论,他对现代几何所作的贡献也足以使他在史册上占有一席之地。)然而当我还是一个初出茅庐的数学家时,有机会与世界级的数学大师进行讨论,我注意到了一些仍然使我感到迷惑的东西。我可以说出简单问题与复杂问题的区别,但在伟大的数学家面前,求一个标准积分的值,并不比发明一套对现实世界全新的思想方法更容易。简言之,虽然我认为对经济学家来说,重要的是有人告诉他们如何应用像角谷静夫（Kakutani）不动点定理①这样的工具，我仍然认为纳什对非合作博弈理论真正重大的贡献，在于他为这一学科提供了一个概念性的框架。对他来说，这个创造可能看起来并不费力，但是这一步对他的前人来说却是不可逾越的鸿沟。

合作博弈理论

合作博弈理论是一门比非合作博弈理论更加灵活的学科。它主要研究博弈各方在博弈开始前可以对在博弈过程中做什么进行谈判的情形。假定最终可以达成一个具有约束力的协议，是非合作博弈的标准做法。在这样的条件下，人们认为博弈中具体可以采取何种精确策略并不重要，重要的是博弈的偏好结构，因为正是这个结构决定了什么合同是可行的。

有关合作博弈的文献始于冯·诺依曼和摩根斯滕的《博弈论与经济行为》[14]一书的第二部分。在这一部分他们主要研究多人博弈中联盟的形成。在开始对这个难题的研究时，他们放弃去寻找唯一解的目标，转而去描述稳定的潜在结果集的特征。

在经典的分钱问题中，即两人就如何分配一笔钱进行讨价还价，如果不能达成协议，他们什么也得不到。冯·诺依曼和摩根斯滕的处理方法对此没有过多的交代。他们只是赞同一个至少从艾奇渥斯（Edgeworth）时代以来经济学家就一直沿用的方法，即除了简单地认为最终的结果将是帕累托有效且必须至少分配给每个讨价还价者与他们拒绝达成协议一样多的支付外，对两个理性人将如何解决他们的

---

① 当角谷静夫问我为什么他刚刚做的演讲有如此多的人参加，我解释说许多经济学家是来看作出如此重要的角谷静夫不动点定理的作者的。他回答说："什么是角谷静夫不动点定理"。

问题,经济学家们能够说的很少①。他们把所有这些结果的集合称为问题的"讨价还价集",并且认为,为了使预测的结果更加接近,需要对讨价还价者的"讨价还价技巧"进行更为详细的了解。纳什[5]首先接受了"讨价还价技巧"这个概念,但在他后来的论文(Nash[7])中明显地作出修正。在该论文中,他非常合理地观察到:由于每一参与方只采取在自己所处情形下最优的讨价还价技巧,所以一定存在比另一方更有谈判技巧的真正的理性参与人。

这种推理使纳什对讨价还价问题的解无法确定的传统观点产生了怀疑。他因此提出了有关讨价还价问题的解应该满足的一系列公理,并且证明了其提出的这些公理只容许博弈有**唯一**的解,现在我们称这个解为**纳什讨价还价解**。现在经济学家们已经习惯于用他所应用的这种公理化方法来表达像纳什讨价还价解这样的合作解概念,但在当时他提出这种类型的公理是史无前例的。特别是,他提出应该把讨价还价解定义为讨价还价问题的**整个集合**到所有可能的结果组成的集合的一个函数,这种思想更是空前的。

我怀疑是否曾经有过其他成果,像纳什对讨价还价问题给出的出色解决那样被误解这么多年。通过在其论文中运用大量篇幅解释他只是用简洁的语言运用冯·诺依曼和摩根斯滕的效用理论,纳什预料到了由于对他们的效用理论的不当理解而造成的误解。尽管纳什作了很大努力,但是人们不是努力去刻画两个仅关心获得尽可能多的交易利益的理性人之间无情的讨价还价结果,而总是借他的名义认为讨价还价解是一种公平裁定的方案。然而,就纳什讨价还价解而言,纳

---

① 在70年代,即纳什发现讨价还价解20年后,这种观点仍然盛行。当我开始研究讨价还价理论时,我还能记得不止一次有人公开对我说,讨论还价问题是不确定的,因而"讨价还价不是经济学的一部分"。

什提出的其中一个公理明显地排除了各参与人所获得的效用的可比性——当不能比较各参与人在交易中所得的效用时,谈论公平问题又有什么意义呢?

纳什[5]认为,用一个简单的非合作讨价还价博弈(该博弈的唯一纳什均衡与由他的公理体系得出的讨价还价解非常接近)来支持他的公理体系是很合适的。这一事实显然足以说明他是如何解释他的公理体系的问题的——特别地,如要理解这一点,只要你考虑一下纳什的均衡论文[6]中特别简洁的说明就足够了。在这篇文章中,他概括了后来被称为**纳什方法**的思想。当时纳什很可能觉得这种思想与纳什均衡概念同样明显,如果我冒昧地对他的这种极具启发性的思想进行详述的话,我希望能得到他的谅解。

合作博弈包含一个博弈前的谈判时期。在该时期,博弈各方就如何博弈达成一个不可变更且具有约束性的协议。当提到这样一个博弈的前谈判时期时,人们有时会想到博弈前一天晚上在酒吧中的闲谈。纳什[6]认为,任何谈判过程实际上本身是一种博弈。在讨价还价时,各方提出的建议或申明是博弈的行动,他们最后可能达成的协议是博弈的结果。如果在博弈前谈判时所有可能的行动被正式地指明的话,那么结果将会得到一个扩大了的博弈。这种扩大了的博弈需要在没有预先假定谈判的条件下进行研究,因为这种博弈前的谈判已经被列入到博弈规则之中。在这种假定下对博弈的研究,就是试图进行一种非合作的分析,这种分析自然是从分析博弈中所有的纳什均衡开始的。如果我们知道如何解决均衡选择问题,那么,对一个非合作谈判博弈进行这样一种非合作的分析将会解决所有合作博弈理论的问题。这样,有关合作博弈解的概念,就变为在原博弈前加上一个正式的谈判时期而得到的谈判博弈的"解"。

然而,试图对这个问题进行如前的抨击是一个十分荒唐的想法。

在真正进行讨价还价时,人们知道所能借助的讨价还价手段是非常多的。那么,如何构造一个能够充分地抓住谈判过程所有细节的非合作博弈呢?纳什认为,对讨价还价问题进行那样的攻击是不切实际的。因此尽管一些作者的确这样认为,但是纳什方法并非可以缩略到只有用非合作讨价还价模型才能预测讨价还价结果。在对讨价还价问题进行分析时,纳什[5,6,7]并不把合作博弈与非合作博弈理论看作是对立的方法。相反,他把它们看作是相互补充的方法,即一个方法的优点可以弥补另一个方法的缺点。特别是在试图预测讨价还价结果时,纳什的一套方法使得合作解的概念得到了很好的应用。

我们是为了预测的目的而使用合作解的概念的,而不是为了分析实际讨价还价过程的非合作模型。这是因为后者必然包含模型设计者不大可能完全了解的各种细节,而这些细节很可能与最终结果无关。例如,在古老的板球比赛中,传统的规则要求双方运动员穿白色的服装。但是,现在普遍是一队穿红色的服装而另一队穿蓝色的服装,没有人提出有关两队所穿服装的颜色会影响比赛结果的建议。由于合作解的概念仅依赖于联盟成功的条件而与讨价还价过程的细节无关,所以在寻求预测讨价还价结果时,合作解的概念可以忽略许多的细节。

有时,人们会听到基于上述最后一点的对非合作讨价还价模型的特别愚蠢的批评。由合作解的概念得出的预测结果,据说会优于通过分析非合作讨价还价模型均衡而得出的预测结果,因为前者并不依赖于讨价还价过程的细节。当然这只有在讨价还价的任何细节与最终结果无关时才正确。例如,在板球比赛中,就是否允许投球手把球的一侧不断地弄粗而言,门外汉认为这是无关紧要的。然而事实是,投球手投出的球却会因此而发生很大的变化。所以,相关规则在允许投球手打磨或刮擦球的程度上发生微小的变化,就会对比赛如何进行产生很大的影响。如果忽略这种特定规则的细节问题而坚持进行预测的话,那么结果将是很荒唐的。

同样,存在一些对讨价还价结果非常敏感的问题,其重要性对未经训练者而言并不明显。例如,在鲁宾斯坦(Rubinstein)[10]的讨价还价模型中,谁得多少支付是由讨价还价双方的相对无耐性决定的。不考虑这些细节问题的合作解的概念,不可能预测到由鲁宾斯坦方法而达成的协议。用合作解概念能成功预测的一类讨价还价过程,就一定不能用鲁宾斯坦方法以及其他许多方法来进行预测。但是,我们怎样知道一个给定的合作解的概念在何种情况下能加以正确地应用呢?对这样一个问题我们不能给出一个简单或者模棱两可的回答。不过,纳什为我们提供了一个方法,该方法可以帮助简化我们的回答。

合作解概念的优点是忽略了与讨价还价结果无关的许多细节,但其缺点是把少量重要的细节也省略掉了。当然,如果你对重要的细节给予了正确预测的话,那么应用合作解概念也就不存在不足之处了。但你如何知道你正好应用了正确的合作解概念呢?

对于这个问题,纳什隐含地提出的建议是很难实施的,但是它却包含了纳什方法的大致特点。纳什并不是不假思索地应用合作解概念,他提出:构造一个非合作讨价还价模型,该模型不仅具有讨价还价过程的本质特征,而且其结果要能够由讨价还价解的概念进行预测,然后再由该模型来对合作解概念进行检验。无论何时,当实验对象提出应用一个特殊的合作解的概念来预测讨价还价结果时,纳什方法要求我们弄清实验对象对有关的讨价还价规则知道些什么,然后我们通过构造一个满足这些规则要求的非合作讨价还价博弈来进行一个理论上的实验。下一步就是计算这个讨价还价博弈的纳什均衡。如果我们能够解决均衡选择问题,那么,我们就知道在所研究的非合作讨价还价博弈的约束条件下,理性的参与人所能达成的协议。这个协议与应用合作解的概念预测到的结论可能一致,也可能不一致。如果两者确实不一致,那么说明实验对象没有自始至终把握住非合作解的概念。这个思想实验因而将会驳倒他的理论。

应用未经检验的合作解概念来预测讨价还价结果,就像在你的背部装上一个翅膀,然后从高层建筑上跳起并希望飞起来一样。对于纳什方法来说这是一个恰当的比喻,因为用于检验合作解概念的非合作博弈与风洞研究的模型飞机之间存在着非常相似之处。在构建风洞研究模型时,工程师们只要对实际飞机有大致的了解而不必生产出一个与实际飞机完全一样的复制品。不过,他必须要确保模型的动力学特性尽可能与所设计的实际飞机的动力学特性一样。一旦实现了这个目标,那么,所设计模型的其他特性越简单,风洞数据也就越容易解释。

正如航空工程师对将设计的飞机仅掌握有限的信息一样,为寻求预测讨价还价结果的实验对象,也同样不可能完全了解讨价还价过程的详细结构,甚至就连讨价还价者本人也很难弄清谈判本身所具有的迂回曲折之处。然而,正如航空工程师在构造风洞模型时,只要求对将设计的飞机的座位有大致的了解一样,我们用纳什方法构建非合作的讨价还价博弈时,也只需对许多细节有非常模糊的了解。事实上,我们对所用的讨价还价过程知道得越少,就越容易驳倒"一个给定的合作解概念一定可以预测到它的结果"的观点。

为了达到目标,我们常常从构造一个最简单且与既定事实一致的非合作讨价还价博弈开始——我们分析的博弈越简单,分析的任务也就变得越轻松。当然,如果我们完全忽视对讨价还价结果有显著影响的细节,我们将会把时间浪费在寻找应用纳什方法之上——正如你对所设计飞机的空气动力学特性不甚了解时,你就会把时间浪费在风洞的运行上。

要列出理性参与人讨价还价时的部分关键性因素并不是很困难。讨价还价结果取决于讨价还价的对象以及参与人对将达成的协议的偏好。它也取决于各参与人如何对待不能达成协议的后果的态度。综合这两方面的因素,一个参与人对承担风险的态度或对延期的态度是相联系的,注意不能达成协议可能出现的方式也具有重要策略意义。例如,由于一方离开转而寻找外部最好的选择,从而导致谈判的破裂;或者由于参与人无法控制的一些外部因素的干预而不得不放弃谈判,每一种可能都会以不同的方式影响最终的结果。

然而,至少还有两个甚至多个方面我们需要考虑。纳什明显地认识到了其中一个方面,这从他区分**争论议价**(haggling)和**讨价还价**(bargaining)时看得很清楚。争论议价是指对各参与人的偏好存在信息不对称的情形。讨价还价是指各参与人的偏好是共同知识的情形。尽管经过了许多聪明人的努力,正如肯·宾默尔等人[2]所指出的原因,直到今日人们仍然难以处理不完全信息的讨价还价问题。然而,如今在纳什[5]没有明显认识到的假设的第二个方面,却取得了很大的进展。

作为纳什公理体系基础的风洞议价模型,现在称之为纳什要价博弈。在这个博弈中,博弈双方同时宣布了一个要价。如果两个要价相容,那么每人得到他所要求的要价。否则,他们都得到不能达成协议的支付。然而,在博弈的讨价还价集中,每一对要价都是一个纳什均衡,因而纳什面临的是一个非常精确形式的均衡选择问题。在处理这个问题时,他假定博弈各方对所能得到的要价存在某种小的不确定性,因而他应用了泽尔滕[12]的颤抖手理论。如果把这种不确定性加进模型里,我们就得到一个恰有唯一纳什均衡的光滑了的纳什要价博弈。当这种不确定性足够小时,该博弈的结果接近纳什讨价还价解(和在许多别的地方一样,纳什[5]认为许多必须讨论的细节问题是很显然的。要知道详细的论证,请参阅肯·宾默尔的有关文献[11])。

纳什在构造他的要价博弈时,隐含地作出了牵涉各博弈方可用的承诺的可能性的假定。对于当今的博弈论理论家来说,承诺即为不可变更的威胁或保证——如果后来事情的发展使他后悔了自己的草率行事,他也不可能改变自己的承诺。有时,如果给予理性人自由选择权的话,那么他现在就能够保证自己在将来某个时间 t 不选择某些不可能选择的行动。在讨价还价时,承诺能力对你的行动可能是非常有效的工具。例如,在分 1 美元的博弈中,如果参与人 II 在谈判以前作出承诺,他不会接受少于 99 美分的任何支付,那么参与人 I 不得不把自己的支付限制在 1 美分之内。然而,斯格林(Schelling)[11]的工作已经告诉博弈论理论家,要谨慎地处理承诺问题。在没有强制机制时博弈各方能够作出进一步的承诺,人们对这种说法非常怀疑。当承诺能力归属于各参与人时,每一个承诺机会正式地模型化为博弈的一个行动,从而在分析博弈时,进一步承诺的假定就不必要纳入到分析中来了。

然而,在纳什要价博弈中,把无限的承诺能力归属于参与人的选择,即是假定存在一个中介人,在他们讨价还价时确保他们不违背纳什所提出的规则。但是在现实中,人们进行正式的讨价还价的情况下,这并不是一个非常现实的假定。人们可能会问,如果我们不能够把承诺能力归属于各参与人,或者不存在一个确保他们在讨价还价时遵守博弈规则的外在强制机制,那么我们如何继续我们的理论呢? 鲁宾斯坦[10]在对讨价还价的子博弈完美均衡进行研究时,回答了这个问题的第一点,即讨价还价博弈的纳什均衡也是每一个子博弈上的均衡——不管是否真正到达该子博弈(泽尔滕[12])。他用一个轮流出价博弈代替纳什要价博弈,从而对第二点作出了回答。在轮流出价博弈中,当连续出价区间允许变得任意小时,偏离博弈规则的任何参与人只能获得非常小的支付。从这种意义上说,鲁宾斯坦[10]的轮流出价博弈的规则是自我约束的。各参与人必然会遵守规则,因为他们发现这样做是有益的。

这是纳什对讨价还价问题的洞察力的明证:当两个参与人对时间的贴现率相同,并且连续出价区间可以任意小时,鲁宾斯坦的风洞模型的唯一子博弈完美均衡十分接近纳什讨价还价解。简言之,虽然现代的博弈论理论家已经用鲁宾斯坦的讨价还价模型代替了纳什本人的非合作讨价还价模型,但是他们仍然应用纳什的整套方法,并且仍然应用这套方法来支持由纳什公理得出的讨价还价解。

结　　语

我试图对纳什的两个主要思想进行认真的评价,但是这个序言已经够长了。最后,我为那些想知道纳什开创的理论到 90 年代已经发展到什么程度的读者推荐奥斯本(Osborne)和鲁宾斯坦(Rubinstein)[8,9]的两本优秀著作,以此作为本序言的结束。

参考文献

[1] Binmore K. *Fun and Games*. Lexington, Mass.; D. C. Health, 1991.

[2] Binmore K., M. Osborne and A. Rubinstein. Noncooperative models of bargaining. in R. Aumann and S. Hart(eds), *Handbook of Game Theory I*, Amsterdam; North Holland, 1992.

[3] Binmore K., J. Swierzsbinski, S. Hsu and C. Proulx. Focal points and bargaining. *International Journal of Game Theory*, 1993(22): 381—409.

[4] Binmore K. ,J. Swierzsbinski and C. Proulx. Does minimax work? an experimental study, (in preparation).

[5] Nash J. The bargaining problem. *Econometrica* , 1950 (18): 155—162.

[6] Nash J. Non - cooperative games. *Annals of Mathematics* . 1951 (54) :286 – 295.

[7] Nash J. Two - person cooperative games. *Econometrica* . 1953(21): 128 – 140.

[8] Osborne M. and A. Rubinstein. *Bargaining and Markets* . San Diego: Academic Press,1990.

[9] Osborne M. and A. Rubinstein. *A Course in Game Theory* . Cambridge,Mass. : MIT Press,1994.

[10] Rubinstein A. Perfect equilibrium in a bargaining model. *Econometrica.* 1982(50) :97—109.

[11] Schelling T. *The Strategy of Conflict* . Cambridge, Mass. : Harvard University Press,1960.

[12] Selten R. Reexamination of the perfectness concept for equilibrium points in extensiv game. *International Journal of Game Theory* , 1975(4) :25 – 55.

[13] Von Neumann J. Zur Theorie der Gesellschaftsspiele. *Mathematische Annalen* ,1928(100) :295 – 320.

[14] Von Neumann J. and O. Morgenstern. *The Theory of Games and Economic Behavior* . Princeton: Princeton University Press. 1944.

1 讨价还价问题[①]

纳什

(John F. Nash, Jr.)

- -

　　本文对一个经典的经济学问题提出了新的讨论,该经济学问题以多种形式出现,如讨价还价、双边垄断等;它也可以视为一个二人非零和博弈。在这个讨论中,我们对一个个体和由两个个体组成的小组在某一经济环境下的行为作了一些一般性的假设。由此,我们可以得到这一经典问题的解(就本文而言)。用博弈论的语言来说,我们找到了博弈的值。

---

　　① 作者希望在此感谢冯·诺依曼教授和摩根斯滕教授的帮助,他们阅读了本文的原稿并且对有关的表达提出了有益的建议。

1.1 引 言

在两人讨价还价的情况下,两个个体都有机会以多于一种的方式为共同利益而合作。本文考察的是更简单的情况,在这种情况下,任何一方在没有征得对方同意的条件下采取的行动,不影响对方的赢利状况。

垄断对买方垄断、两国间的国家贸易、雇主与工会间的谈判等经济情形,都可以视为讨价还价问题。本文旨在对这一问题进行理论上的讨论,并得到一个确定的"解"——当然,为此还得作一些理想化的处理。这里,"解"是指每一个个体期望从这一情形中得到的满意程度的确定;或者更确切地说,是对每一个有讨价还价机会的个体来说,这个机会的价值的确定。

这就是古诺(Cournot)、鲍勒(Bowley)、丁特纳(Tintner)、费尔纳(Fellner)和其他一些人都曾讨论过的经典的交换问题,更具体地说是双边垄断问题。冯·诺依曼和摩根斯滕在《博弈论与经济行为》①一书中提出了一个不同的方法,它使得这种典型的交换情形可以等同于一个二人非零和博弈。

概言之,我们可以通过以下假设使讨价还价问题理想化:两个个体高度理性;每一方都能精确地比较自己对不同事物的喜好;他们有同样的讨价还价的技巧,以及每一方完全了解另一方的口味和偏好。

---

① John von Neumann, Oskar Morgenstern. *Theory of Games and Economic Behavior*. Princeton:Princeton University Press,1944(Second Edition,1947):15 - 31.

为了对讨价还价的情形进行理论上的讨论,我们将把它抽象化以形成一个数学模型,从而构建理论。

在对讨价还价的讨论中,我们采用数值效用来表示参与讨价还价的个体的偏好或口味,即《博弈论与经济行为》中采用的那种类型的效用。通过这种方式,我们将每个个体在讨价还价中最大化其赢利的愿望引入到数学模型中。我们先采用本文中的术语对这一理论作一简单回顾。

1.2　个体效用理论

"预期"是这一理论中一个重要的概念。我们将用具体的例子对此概念给予部分解释。假设史密斯先生知道他明天将得到一辆别克车,我们就说他有一个别克车的预期。同样地,他也可以有一个卡迪拉克车的预期。如果他已经知道明天将通过投掷硬币来决定他究竟得到别克车还是卡迪拉克车,那么我们就说他有 1/2 的别克车和 1/2 的卡迪拉克车的预期。因此,一个人的预期就是期望的状况,它可以包括一些将要发生的事件的确定性和其他可能发生的事件的不同概率。再举一个例子。史密斯先生可能知道明天他将得到一辆别克车,并且认为他还有 1/2 的机会得到一辆卡迪拉克车。上述 1/2 别克车、1/2 卡迪拉克车的预期表明了预期的下述重要性质:如果 $0 \leq p \leq 1$,并且 A 和 B 代表两个预期,那么存在一个预期,我们用 $pA + (1-p)B$ 来表示。它是两个预期的概率组合,即 A 的概率为 p,B 的概率为 $1-p$。

通过下述假设,我们就可以构建个体的效用理论:

（1）有两个可能预期的个体总能决定哪个预期更优或者两者无差异。

（2）由此生成的序具有传递性：即若 A 比 B 好，并且 B 比 C 好，则 A 就比 C 好。

（3）两个无差异预期的任意概率组合与他们各自都无差异。

（4）若 A,B,C 满足假设2，则存在 A 和 C 的概率组合使得它与 C 无差异。这就是连续性假设。

（5）若 $0 \leqslant p \leqslant 1$，且 A 和 B 无差异，则 $pA + (1-p)C$ 与 $pB + (1-p)C$ 无差异。而且，若 A 和 B 无差异，则在任意 B 满足的序关系中，A 都可以代替 B。

所谓效用函数，就是赋予个体的每一预期一个实数。上述这些假设足以证明存在一个令人满意的效用函数。这一效用函数并不唯一，也就是说，如果 u 是这样一个函数，那么 $a > 0$ 时，$au + b$ 也是这样一个函数。如果用大写字母表示预期，小写字母表示实数，这样的效用函数满足下列性质：

（a）$u(A) > u(B)$ 等价于 A 优于 B，以此类推。

（b）若 $0 \leqslant p \leqslant 1$，则 $u[pA + (1-p)B] = pu(A) + (1-p)u(B)$。这是效用函数重要的线性性质。

1.3　两人博弈理论

《博弈论与经济行为》构建了 n 人博弈理论，并将两人讨价还价问题作为特例进行了讨论。但是,这本书构造的理论并不试图找到给定的 n 人博弈的值,即不是去确定有机会参加博弈对每个参与人的价值。它只找到了二人零和博弈情况下确定的解。

在我们看来,n 人博弈应该有值。也就是说,存在这样一个数集,它们连续地依赖于构成博弈的数学表述的数量的集合,并且表达了每个有机会参与博弈的参与人的效用。

我们可以将两人预期定义为两个单人预期的组合。因而,我们就有了这样两个个体,他们都有对自己将来环境的某种期望。我们可以认为单人效用函数适用于两人预期,并且所得到的结果与对应的作为两人预期坐标的单人预期一致。两个两人预期的概率组合,定义为它们对应的坐标分量的组合。因此。如果 $[A,B]$ 是一个两人预期,且 $0 \leqslant p \leqslant 1$,那么,

$$p[A,B] + (1-p)[C,D]$$

就将定义为

$$[pA + (1-p)C, \quad pB + (1-p)D]$$

显然,这里的单人效用函数具有与单人预期中相同的线性性质。以后,只要提到预期,就是指两人预期。

在讨价还价情况下,有一种预期尤其需要注意,这就是两个讨价还价者之间没有合作的预期。因而,很自然地,我们可以选取某些效用函数,使得每个人都认为这种预期的效用为零。这样,每个人的效用函数的确定仍然仅限于乘以正实数。今后,我们所使用的效用函数都可以理解为是由这种方法选取的。

在选取好效用函数,并在平面图上描绘出所有可能预期的效用之后,我们就可以对两个讨价还价者面临的情况在图上做一解释。

对由此得到的点集的性质,我们有必要引入一些假设。从数学上讲,我们希望这一点集是紧致的和凸的。它应该具有凸性是因为:从图上看,点集中任意两点所构成的线段上的任意一点所代表的预期,都可以由这两点所代表的预期的某一概率组合得到。紧致性条件首先是指这一点集是有界的,也就是说,在平面上,它们总可以被包含在某一足够大的方形当中;它还意味着任意连续效用函数总能在该集合中的某一点取到最大值。

如果对每个人的任一效用函数来说,两个预期的效用都相等,我们就说它们是等价的。这样,图形就已经完全描绘出情形的本质特征。当然,因为效用函数并非完全确定,所以图形的确定仅取决于尺度变换。

这样的话,因为我们的解应包含两个讨价还价者对赢利的理性期望,所以这些期望应该可以通过两者之间适当的协议来加以实现。因而一定存在这么一个预期,它给每个人带来的满意程度与他的期望一致。我们完全可以假定两个理性的讨价还价者仅仅对这一预期或它的等价物才能达成一致意见。因而,我们可以将图上的某一点看作是解的代表,同时它代表所有两个讨价还价者都觉得公平的预期。我们将通过给出这一解点与点集两者关系应满足的条件来构建理论,并由此引出得到确定解点的一个简单条件。我们只考虑两个讨价还价者都有可能赢利的情况。(这并不排除最终只有一方获利的情形,因为"公平交易"也许包含了用某种概率方法确定谁将获利的协议。任一可行预期的概率组合都是可行预期。)

设 u_1, u_2 是两个人的效用函数。$c(S)$ 表示一个包含原点的紧致凸集 S 中的解点。我们假设:

(6)若 α 是 S 中的一个点,而 S 中存在另一个点 β,满足 $u_1(\beta) >$

$u_1(\alpha)$ 和 $u_2(\beta) > u_2(\alpha)$，则 $\alpha \neq c(S)$。

（7）若集合 T 包含 S，且 $c(T)$ 在 S 中，则 $c(T) = c(S)$。

若存在效用算子 u_1, u_2 使得当 (a,b) 包含在 S 中，(b,a) 也一定在 S 中，即使得 S 的图像关于直线 $u_1 = u_2$ 对称，我们就称集合 S 是对称的。

（8）若 S 是对称的，且 u_1, u_2 使得 S 满足这一点，则 $c(S)$ 一定是形如 (a,a) 的点，也即直线 $u_1 = u_2$ 上的某一点。

上述第一个假设表达的意思是，每一个讨价还价者都想在最终的交易中最大化自己的效用。第三个假设则指两者讨价还价的技巧相同。第二个假设稍许复杂一些。以下的解释有助于理解这一假设的自然性：在 T 是可能的交易集的条件下，如果两理性人一致认为 $c(T)$ 是一个公平交易，那么他们应该愿意达成这样一个协议（不那么严格限制），而不是试图达成 S 以外的点所代表的任何交易，这里 S 包含 $c(T)$。若 S 包含在 T 中，则他们面临的情形就简化为可能交易集为 S 的情形。因而 $c(S)$ 一定等于 $c(T)$。

现在我们来证明，由这些条件可得出解一定在第一象限。此时，$u_1 u_2$ 取得最大值。从紧致性我们知道，这样的点一定存在，而凸性使之唯一。

我们选取能使上述点转化为点 $(1,1)$ 的效用函数。因为这仅仅涉及对效用函数乘以某个常数，所以点 $(1,1)$ 现在就是 $u_1 u_2$ 的最大值的点。这样，集合中就不存在某些点使得 $u_1 + u_2 > 2$，因为如果集合中存在一个点满足 $u_1 + u_2 > 2$，那么在点 $(1,1)$ 与该点的连线段的某一点上，必然满足 $u_1 u_2$ 大于 1（见图 1.1）。

我们现在就可以在 $u_1 + u_2 \leqslant 2$ 的区域内构造一个正方形，它关于

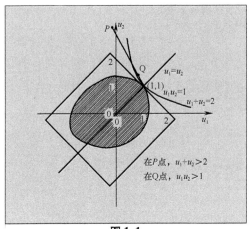

图1.1

直线 $u_1 = u_2$ 对称，一条边在直线 $u_1 + u_2 = 2$ 上，而且完全包含选择集。如果将正方形区域而不是原来的集合看作选择集，那么显然点 $(1,1)$ 是唯一满足假设(6)和(8)的点。加上假设(7)，我们就可以断定，当原始(变换后的)集合是选择集时，点 $(1,1)$ 也一定是解点。这就证明了前面的断言。

我们现在给出应用这一理论的一些例子。

1.4 例   子

我们假设两个聪明人，比尔和杰克，处于这样一种情况下：他们可以以物易物，但没有货币可用于交易。为简单起见，我们进一步假设，每一个人拥有一定量的商品，且这些商品给他带来的总效用等于各种商品给他带来的效用之和。在表1.1中，我们给出了每个人拥有的商品和每种商品给他带来的效用。当然,我们所用到的两参与人的效用函数都是任选的。

表1.1

比尔的商品:	给比尔带来的效用	给杰克带来的效用
书	2	4
搅拌器	2	2
球	2	1
球拍	2	2
盒子	4	1
杰克的商品:		
钢笔	10	1
玩具	4	1
小刀	6	2
帽子	2	2

这一讨价还价情形可以用图像来说明(见图1.2)。其结果是一个凸多边形,在这个凸多边形中效用积在顶点处达到最大值,并且只有一个符合条件的预期。那就是:

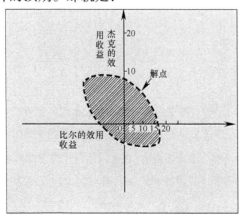

图1.2

图1.2——解点位于第一象限的等轴双曲线上,并且与备择集仅有一个切点。

比尔给杰克：书、搅拌器、球和球拍，

杰克给比尔：钢笔、玩具和小刀。

要是讨价还价者有共同的交易媒介，问题就更为简单了。许多情况下，一种商品的货币等价物都可以作为效用函数的一种很好的近似。（货币等价物就是指一定量的货币，它带给我们所讨论的个体的效用与该种商品相同。）当在讨论的数量范围内，货币带来的效用与它的数量具有近似线性函数关系时，这种情况就可能发生。当我们可以为每个人的效用函数采用某种共同的交易媒介时，图像上的点就具有这样的形状，它在第一象限的部分形成了一个等腰直角三角形。因此在解点上，每个讨价还价者具有相同的货币利润（见图1.3）。

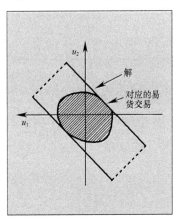

图1.3

图1.3——图中内部阴影部分表示在不用货币时可能的交易。两平行线之间的区域表示允许使用货币时交易的可能性。对少量货币而言，在这里用货币度量的收益和效用是相等的。应用易货交易时，解在使 $u_1 + u_2$ 取最大值时得到，应用货币交易也同样得到解。

2 n 人博弈的均衡点[①]

纳什

(John F. Nash, Jr.)

普林斯顿大学

由莱夫舍茨(S. Lefschetz)推荐,1949 年
11 月 16 日

---

① 作者感谢大卫·盖尔(David Gale)博士,是他建议利用角谷静夫定理来简化
证明。同时感谢原子能委员会(A. E. C)在财力上的支持。

我们可以定义 n 人博弈的概念,其中,每一个参与人有有限个纯策略,且对每一个 n 维纯策略(每一个参与人选择一个纯策略),每个参与人都有确定的支付与之对应。混合策略即为纯策略上的概率分布,支付函数即为各参与人的期望,它是关于各参与人选择不同的纯策略的概率的多重线性形式。

任何 n 维策略,每一个分量对应于一个参与人,都可以看作由 n 个参与人的 n 个策略空间的乘积而得到的积空间的一个点。一个这样的 n 维策略对抗另一个 n 维策略,指的是在这个 n 维对抗策略中,相对于其他 $n-1$ 个参与人在被对抗的 n 维策略中的策略选择,每一个参与人都选择了能使他获得最高期望支付的策略。一个自我对抗的 n 维策略就称为均衡点。

每一个 n 维策略与它对抗的 n 维策略的集合的对应,给出了一个从积空间到其自身的一对多的映射。从对抗的定义我们可以看出,一个点的对抗点的集合是凸的。再由支付函数的连续性可知,这个映射的图像是闭的。闭性等于说:如果 $P_1,P_2,\cdots,P_n,\cdots$ 和 $Q_1,Q_2,\cdots,Q_n,\cdots$ 均是积空间中的点列,其中 $Q_n \to Q, P_n \to P, Q_n$ 与 P_n 对抗,那么 Q 与 P 对抗。

由于映射的图像是闭的,并且每个点在该映射下的像是凸的,我们由角谷静夫(Kakutani)定理①可推断出该映射有一个不动点(即,该点包含于它的象集里)。由此可知存在一个均衡点。

在二人零和博弈情形中,其"主要定理"②与均衡点的存在性是等价的。在这种情况下,两参与人在任何两个均衡点都得到相同的支付,但在一般的情况下,这一点不一定成立。

① Kakutani S. *Duke Math*. J. 1941(8):457—459.
② Von Neumann J, Morgenstern O. *The Theory of Games and Economic Behavior*. Chap. 3. Princeton:Princeton University Press,1941.

3　一个简单的三人扑克牌博弈[①②]

纳什、夏普利

(John F. Nash , Jr[③] and L. S. Shapley)

①　本文得到了海军研究局(Office of Naval Research)的部分支持。
②　本文作为对 *ANNALS OF MATHEMATICS STUDY* No.24 的一个直接投稿而被接受。
③　原子能委员会(AEC)成员。

3.1　引言

　　在博弈的研究中,各种形式的扑克牌游戏已经成为数学分析模型的重要来源。冯·诺依曼(Von Neumann)[1]、贝尔曼(Bellman)和布莱克威尔(Blackwell)[2]以及库恩(Kuhn)[3][4]对几种简单的扑克牌游戏进行过研究。本文首次研究三人扑克牌游戏模型,这种形式的扑克牌游戏只有两种牌,下赌注后不允许撤回也不允许再增加,并且只有一种数量的赌注(bet)。我们假定博弈是非合作的,并且我们的目的是解出其"均衡点"。如果垫底(ante)不超过赌注的数额,或者多于赌注数额的 4 倍,那么博弈结果是一个确定的值。但至少在两种过渡情形下该博弈没有博弈值。

　　为了减少计算量,我们用"行为系数"代替"混合策略"。对大量扩展形式的博弈而言,这是一个很有效的处理技巧。

[1]　Von Neumann J, Morgenstern O. *Theory of Games and Economic Behavior*. 1947:186—219.
[2]　Proc. N. A. S. 35(1949):600—605.
[3]　在本书中。
[4]　波雷尔在他的 *Traité du Calcul des Probabilités*,Paris:1938;Ⅳ,2:91–97 一书中分析了实际的扑克牌游戏中简单的二人下注模型。

3.2　n 人博弈的解

冯·诺依曼和摩根斯滕[1]给出了 $n(n > 2)$ 人在串谋基础上进行的博弈的解的定义。遗憾的是,该定义在预测参与人的行为或描述博弈值时作用很弱。适合于博弈(或者经济情形)的合适的定义,应该要求参与人可以自由提供或者接受作为对合作回报的转移支付(博弈规则之外)。扑克牌的传统伦理道德告诉我们,非合作解概念(不考虑转移支付及博弈前的协商)更接近我们现实目的。因此我们定义:

均衡点(或 EP)就是 n 个参与人的一组策略(纯策略或者混合策略)选择,在其他人的策略选择不变的情况下,任何人都不能通过改变策略来使其期望支付得到改善。

如果任一参与人在各个均衡点有相同的期望值,那么我们称这个 n 维期望值向量为博弈的值。

在二人零和博弈中,均衡点恰好是最小最大点,它也表示了通常意义上的解。有限博弈总有均衡点[2],这一点已经得到了证明,但它们不一定有博弈值;并且同一博弈不同均衡点所用的策略也不必是可交换的。

---

① 见本书第 14 页注①引书,Chapter VI。
② J. Nash. Proc. N. A. S. 36(1950):48—49.

3.3 博弈规则

一副牌只有"高"牌和"低"牌,且两种牌数量相同。同时每副牌可以随机分配给 3 个人中的任何一个人。由于牌的数量很大,因此 8 种可能的分配结果以相同的概率出现;每个参与人的垫底(ante)均为 a。博弈过程如下:第一个参与人要么选择以赌注(bet)b 开叫(opening),要么选择过牌(passing)。如果他选择过牌,那么第二个人也有同样的选择机会;然后到第三个人。如果任何一个人选择开叫,那么另外两人依次或者选择用赌注 b 叫牌(calling),或者退出(folding or dropping out)因而失去他所下的垫底。博弈的支付规则为:如果没有人开叫(即三人连续过牌),则每个人拿回自己的垫底。否则,各参与人通过比较他们牌的高低,最高牌的一方将赢得所有的垫底和赌注(下注总额);平局时,赢者将平分下注总额。

因此,一共有如下 13 种可能的博弈情况,表示如下:

BBB	BBP	BPB	BPP	
PBBB	PBBP	PBPB	PBPP	
PPBBB	PPBBP	PPBPB	PPBPP	PPP

其中,"B"代表"开叫"或"叫牌","P"代表"过牌"或"退出"。由于牌有 8 种不同的分配方式,所以共有 104 种不同的博弈结果,支付为下面 6 种及其所有的排列:

$$\begin{bmatrix} 2a, & -a, & -a \\ 2a+b, & -a, & -a-b \\ 2a+2b, & -a-b, & -a-b \end{bmatrix}$$

$$(a/2, \quad a/2, \quad -a)$$

$$((a+b)/2, \quad (a+b)/2, \quad -a-b)$$

$$(0, \quad 0, \quad 0)$$

很明显,重要的只是 a 与 b 的比率。为使读者更容易辨别,我们仍然用上述的 a,b 两数来表示。

3.4　行为系数

通过在此不详细给出的计算可以得出。三个参与人分别有 81,100,256 个纯策略,如果我们不考虑高牌时退出的情况(见下面 3.7 部分),纯策略的数量可以减少到 18,20 和 32 种。那么,均衡点就是 $17+19+31=67$ 维空间(即为 3 个混合策略单纯形的积空间)中的点。

然而,正如只进行几步就结束的博弈中常出现的那样,这种表示法显得太繁杂。存在不同的混合策略表达参与人的同一行为。这一等价关系导出其单纯形到一个维数低得多的凸多面体的自然投射,每一个纯策略成为该多面体的一个顶点。我们将会看到,每个参与人的纯策略空间只有 8 维。如果排除高牌时退出的情况,那么就只有 5 维了。

为了达到这个目标,通常的做法是避免把参与人的行为描述为纯策略的概率组合,而是直接考虑博弈中具体的随机选择过程①。每个参与人将面对 8 种需要决策的情况,其决策就是作出下赌注还是不下赌注。这样我们可用下赌注的概率作为行为系数来描述不同的情况:

表 3.1　行为系数

参与人(1)		参与人(2)		参与人(3)	
高牌	低牌	高牌	低牌	高牌	低牌
面对的情况	他下赌注的概率	面对的情况	他下赌注的概率	面对的情况	他下赌注的概率
		B	γ　δ	BB	η　θ
	α　β	P	ε　ζ	BP	ι　κ
				PB	λ　μ
				PP	ν　ξ
PBB	o　π	PPBB	φ　χ		
PBP	ρ　σ	PPBP	ψ　ω		
PPB	τ　υ				

就博弈的结果而言,通过一个适当的 8 维行为系数可以把每个参与人的混合策略完全表示出来。

3.5　不相关性

如果某一个系数恰巧好取极端值(即 0 或 1),那么需要应用

---

① 如果每个参与人的信息不是单调递增的,这种做法并不合理。

其他系数的情形就不会再出现了。例如,如果 $\alpha = 1$,$\beta = 1$,那么,ε,ζ 的值就不会给出有关参与人 2 的任何信息。为了保持这种行为表述方式的唯一性,我们规定高牌时的不相关(即不起作用)的系数为 1;低牌时的不相关的系数为 0。这样就确定了行为概率的 24 维立方体的相应顶点,但维数并没有降低。

3.6 判别式

3 个人的期望支付就变成了关于行为系数的多元线性函数:①

$$P_1(\alpha, \beta, \cdots, \omega),\ P_2(\alpha, \beta, \cdots, \omega),\ P_3(\alpha, \beta, \cdots, \omega)$$

其中每一项的最高次数可达 5 次。显然要给出显式解既麻烦又没有必要,因此我们采用判别式 Δ_α,Δ_β,$\cdots$,Δ_ω:

$$\Delta_u = 16 \frac{\partial}{\partial u} P_{k(u)}(\alpha, \beta, \cdots, \omega),\ u = \alpha, \beta, \cdots, \omega$$

其中,Δ_u 表示能够支配 u 的第 $k(u)$ 个参与人的判别式(16 是为了消除由于随机因素或分割赌注而带来的分数)。直接由均衡的定义可以得到,在任何均衡点有:

---

① 混合策略时它们应该是三重线性函数。

$$(c) \quad \begin{cases} u = 0 \Rightarrow \Delta_u \leqslant 0 \\ 0 < u < 1 \Rightarrow \Delta_u = 0, \ u = \alpha, \beta, \cdots, \omega \\ u = 1 \Rightarrow \Delta_u \geqslant 0 \end{cases}$$

但满足(c)的系数值并不一定构成一个均衡点,因为参与人可以同时改变 2 个或 3 个系数而增加他的期望支付,而条件(c)并没有排除这种情况。我们的解法是证明在所有可能的均衡点中只有一个满足条件(c),再由存在性定理①可知这一个点必是唯一的均衡点。

3.7 占优

考虑到高牌时退出会明显减少参与人的期望支付,所以如果排除这一种情况,那么 24 个系数中的 9 个就可以立即去掉。因此得到

$$\cdots \quad \boxed{\gamma = \eta = \iota = \lambda = o = \rho = \tau = \varphi = \psi = 1}$$

但是 υ 的值不能这样确定,因为参与人 3 可能会觉得高牌时开叫不如退出时所得到的支付多。然而,容易看出如果 $\nu < 1$ 时是均衡点的话,那么其他的值不变时,$\nu = 1$ 也会是均衡点。因此我们可以假定 $\cdots$ $\boxed{\nu = 1}$。可以证明允许 $\nu < 1$ 的很特殊的情况(即 $\beta = \zeta =$

---

① Nash,见前述引文。

$1;\alpha,\varepsilon < 1$)在任何均衡点都不会出现。

在继续讨论以前，我们先将范围限定为 $b \geqslant a$ 的情形。随后，我们将通过一个连续过程来找到较小赌注的均衡点。要证明博弈的值的存在性要求知道所有的均衡点，且当 $a > b$ 时完备性的证明太复杂。

现在详细地说明 $b \geqslant a, \beta = 0$ 的情况。如果参与人在低牌时开叫，他应该知道损失为 $a + b$ 的概率为 0.75；收益至多为 $2a$ 的概率为 0.25。这一至多为 $-(a+3b)/4$ 的期望必须与他不下赌注时(即 $\beta = \pi = \sigma = \upsilon = 0$)至少为 $-a$ 的期望相比较。由于我们已经假定 $b \geqslant a$，只有在对那种策略最有利的条件下，在均衡点低牌时开叫(即 $\beta > 0$)才有可能，这种条件为 b 与 a 相等，并且：

（ⅰ）参与人 1 在"低—低—低"(即 $\delta = \kappa = 0$)时叫牌一定赢得 $2a$ 的支付。

（ⅱ）过牌时他不能拿回自己的垫底(即 $\xi = 1$，或者 $\varepsilon = \zeta = 1$ 时)。

这些条件对 α 起着决定性的作用，我们可以通过有关参与人 1 的支付来估计 Δ_α(参见表 3.2)：

表 3.2

牌面	$\alpha = 1$	$\alpha = 0$
HHH	0	0
HHL	至多 $(a+b)/2$	至少 $a/2$
HLH	$a/2$	至少 $a/2$
HLL	$2a$	至少 $2a+b$

由此可以得出 $\Delta_\alpha < -b$ 且 $\alpha = 0$。现在容易证明 $\Delta_\kappa = 3\beta a$。但由（ⅰ）可知 κ 为 0，因此 $\Delta_\kappa > 0$ 时不会存在均衡[条件(c)]①。因此，即

---

① 相应的非正式论证：参与人 3 在面对 BP 的情况时，他知道他的两个对手都持有低牌，由此可知他叫牌是有利可图的。

使对 β 给予最有利的假设条件,我们也只能得出结论 … $\boxed{\beta = 0}$ 。

3.8　进一步的简化

在 $\beta = 0$ 的条件下,容易算出:

$$\Delta_\theta = -2\alpha(1+\delta)b$$
$$\Delta_\delta = -4\alpha b$$
$$\Delta_\kappa = -2\alpha(1-\delta)b$$

如果 $\alpha > 0$,那么这些判别式是严格负的[①]。但是如果 $\alpha = 0$,那么 δ,θ 和 κ 就不起作用了。无论在哪种情况下 … $\boxed{\delta = \kappa = \theta = 0}$ 。

接着,我们有:

$$\Delta_\pi = 2(\zeta\mu a - \zeta b - \varepsilon\mu b - \varepsilon b)$$
$$\Delta_\chi = 2\bar{\zeta}(\xi v a - v b - \bar{\alpha}\xi b - \bar{\alpha}b)$$

(我们用横杠表示补足概率: $\bar{\alpha} = 1 - \alpha$,等等。)如果两个判别式中的任何一个非负,那么其中的几个系数就必须取端点值,且 a 和 b 一定相等。当这些限制条件应用到其他的判别式时,就会得出矛盾的结论,其证明方法在形式上与证明 $\beta = 0$ 时的方法是一样的。在此不给出详细的证明,只给出结论 … $\boxed{\chi = \pi = 0}$ 。

---

① 对于 Δ_κ ,我们有: $\Delta_\delta < 0 \Rightarrow \delta = 0 \Rightarrow \Delta_\kappa < 0$ 。

通过从备择假设中推出矛盾且以同样的方式可得出一系列的结论。我们按照得出的难易程度的次序列出：

$$\boxed{\alpha > 0;}\ \boxed{\xi < 2/3;}\ \boxed{\upsilon = \omega = 0;}\ \boxed{\varepsilon < 1;}\ \boxed{\sigma < 1, \mu = 0;}$$

$$\boxed{\zeta < 1;}\ \boxed{\xi > 0}\ \boxed{\varepsilon > 0;}\ \boxed{\alpha < 1;}\ \boxed{\sigma = 0}$$

我们再一次略去了那些冗长而乏味的细节。

3.9 $b \geqslant a$ 时的解

到目前为止，根据包含 ζ 的不同方式，只剩下如下的两组可能确定一个均衡点的方程，这些方程组及其不等式如下：

$$（\text{I}）\begin{cases} \Delta_\alpha = 0 & 0 < \alpha < 1 \\[4pt] \Delta_\varepsilon = 0 & 0 < \varepsilon < 1 \\[4pt] \zeta = 0 & \Delta_\zeta = 0 \\[4pt] \Delta_\xi = 0 & 0 < \xi < \dfrac{2}{3} \end{cases}$$

$$（\text{II}）\begin{cases} \Delta_\alpha = 0 & 0 < \alpha < 1 \\[4pt] \Delta_\varepsilon = 0 & 0 < \varepsilon < 1 \\[4pt] \Delta_\zeta = 0 & 0 \leqslant \zeta < 1 \\[4pt] \Delta_\xi = 0 & 0 < \xi < \dfrac{2}{3} \end{cases}$$

方程中的 4 个判别式如下：

$$\Delta_\alpha = (a+b)\bar{\xi}\bar{\varepsilon} + (4a+2b)\bar{\xi}\bar{\zeta} - b\bar{\varepsilon} + 6\bar{\zeta} - 3b$$

$$\Delta_\varepsilon = (a+b)\bar{\xi}\bar{\alpha} + (4a+2b)\bar{\xi} - b\bar{\alpha} - 2b$$

$$\Delta_\zeta = -2a\bar{\xi}\bar{\alpha} - 2a\bar{\xi} - 4b\bar{\alpha} + 6a - 2b$$

$$\Delta_\xi = -2(a+b)(\bar{\alpha}\bar{\varepsilon} + \bar{\alpha}\bar{\zeta} + \bar{\varepsilon}) + 4a\bar{\zeta}$$

方程组（Ⅰ）的解为：

$$\alpha = \varepsilon = 2 - S$$

$$\zeta = 0$$

$$\xi = 1 - \frac{b}{(a+b)S}$$

$$S = \sqrt{\frac{3a+2b}{a+b}}$$

且满足下面的不等式：

R_{I}

$$0 < a/b \leqslant A_1 = 0.7058\cdots ①$$

如果 a/b 大于 A_1，那么 Δ_ζ 的值就为正。

方程组（Ⅱ）中 $\alpha, \varepsilon, \zeta, \xi$ 的解的表达式比较复杂，但满足不等式：

R_{II}

$$A_1 \leqslant a/b \leqslant 1$$

如果 a/b 小于 A_1，那么 ζ 为负数；另一方面，如果 a/b 允许大于 1，那么马上知道它满足任何不等式。在 R_{II} 的端点上，数值解为：

---

① A_1 是多项式 $9A^4 + 18A^3 + 3A^2 - 10A - 3$ 的正根。

$$a/b = A_1:\alpha = 0.6482 \quad \varepsilon = 0.6482 \quad \zeta = 0 \quad \xi = 0.5664;$$
$$a/b = 1:\alpha = 0.3084 \quad \varepsilon = 0.8257 \quad \zeta = 0.0441 \quad \xi = 0.6354$$

如图 3.1A 中所示,R_{II} 中的系数实际上是线性的,并且在 A_1 点的连接是连续的。

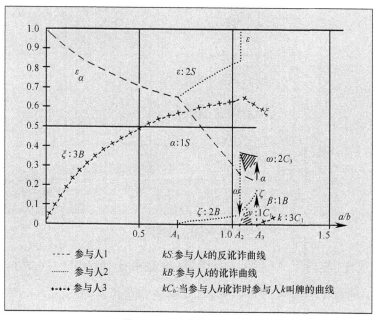

图 3.1A　均衡点行为系数

由于对每一个 a/b 的值,均衡点是唯一的,所以博弈的值可以通过 R_{I} 和 R_{II} 确定。在 R_{I},博弈的值是如下的三维数:

$$V = \left\langle -\frac{a^2}{8(a+b)}, -\frac{a^2}{8(a+b)}, \frac{a^2}{4(a+b)} \right\rangle$$

在 R_{II},结果可以由图示(图 3.1B 和图 3.2)和数字很好地给出。我们有:

$$V = \langle -0.0518a, -0.0518a, 0.1036a \rangle \quad 当 \frac{a}{b} = A_1 \; 时;$$

$$V = \langle -0.0735a, -0.0479a, 0.1214a \rangle \quad 当 \frac{a}{b} = 1 \; 时$$

当 $\frac{b}{a}$ 在 A_1 和 1 之间时,点 A_1 处的连接当然是连续的。

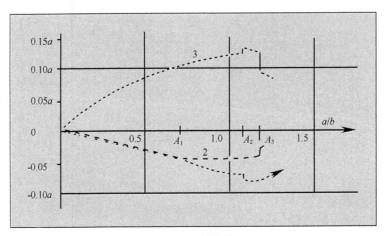

图 3.1B　博弈值

这样,参与人 3 有明显的优势,这是由于他能够引起博弈的结束[①]。随着垫底相对大小的增加,他诡诈(ξ)的比例会上升。他的对手利用"陷阱"(trapping)或"防范"(sandbagging)($\bar{\alpha}, \bar{\varepsilon}$)的对策来应付他的这种策略:即第一轮高牌时过牌,而在第二轮时叫牌。就垫底较少的情形而言(a/b 属于 R_1),仅当前两个参与人采用同样的策略($\alpha = \varepsilon$)且得到同样的(负)支付时,均衡点才存在;但就垫底较大的情形

---

① 这类似于冯·诺依曼的"c"(见本书第 14 页注①引书,第 211—218 页)中第一个参与人的优势。因为该参与人也有能力停止游戏而不失去他的基本投资("b",见前述引文)且不存在为额外的赌注("a − b",见前述引文)去冒险。但在我们的博弈中"发动者",即走第一步的人,是一个明显的障碍。

而言(a/b属于R_{II}),参与人2也有可能讹诈(ζ)一小段时间,这可能会使他的境况变好。参与人1会显著地提高他的防范措施($\bar{\alpha}$)(当参与人2放松他的防范时),但这仅仅是防御性的策略,因为他的境况随着a/b的增大而不断地变坏。

3.10 解的拓展

在如下$R_{\mathrm{II}}{}'$的范围内,方程组 II 总有满足条件(c)的解

$R_{\mathrm{II}}{}'$

$$1 < a/b < A_2 = 1.0376\cdots ①$$

如果a/b的值超过A_2,那么Δ_ω就变为正数,虽然不能确保精确解的存在性和唯一性,但容易证明在这种扩展中仍然存在一个均衡点。

当$a/b = A_2$时,在性质上出现了一种新的现象,由方程组 II 可以得出如下均衡点:

$$\alpha = 0.2656, \varepsilon = 0.8442, \zeta = 0.0491, \xi = 0.6423, \omega = 0$$

这仅仅是单参数均衡点集的一个端点,另一个端点如下:

$$\alpha = 0.2656, \varepsilon = 1, \zeta = 0.0623, \xi = 0.6423, \omega = 0.3720$$

当其他系数保持不变时,系数ε、ζ和ω的值一起增加。由于只有

---

① A_2是多项式$162A^4 + 135A^3 - 144A^2 - 150A - 28$的正根。

一个参与人的行为是可变的,所以均衡点集形成了一个交换系统:各参与人从均衡集中选出的每一个三维策略本身就是一个均衡点。

在 $a/b = A_2$ 时博弈的值并不是很好确定的,随着 $\varepsilon, \zeta, \omega$ 的值的增加,参与人 3 得到的支付是以参与人 1 的支付的减少为代价的,但是参与人 2 的支付(必须)保持不变。这些值的数字范围如下:

$$V = \langle -0.0755a, -0.0475a, 0.1230a \rangle, 当\frac{a}{b} = A_2, \omega = 0;$$

$$V = \langle -0.0826a, -0.0475a, 0.1301a \rangle, 当\frac{a}{b} = A_2, \varepsilon = 1;$$

当 a/b 的值超过 A_2 时会出现另一种新的结果。如果令 $\varepsilon = 1, \Delta\omega = 0$,那么我们也会得到 $\Delta v = 0$。于是,可得到如下的方程组及其不等式:

$$（\text{III}）\begin{cases} \Delta_\alpha = 0, & 0 \leqslant \alpha \leqslant 1 \\ \varepsilon = 1, & \Delta_\varepsilon \geqslant 0 \\ \Delta\zeta = 0 & 0 \leqslant \zeta \leqslant 1 \\ \Delta_\xi = 0, & 0 \leqslant \xi \leqslant 1 \\ \Delta_v = 0, & 0 \leqslant v \leqslant 1 \\ \Delta_\omega = 0, & 0 \leqslant \omega \leqslant 1 \end{cases}$$

解之可得 α, ζ, ξ 的唯一的值,以及乘积 $\overline{v}\,\overline{\omega}$ 的值,且得到 v 的限制条件为:

$$v \leqslant v_{\max} \approx 110\left(\frac{a}{b} - A_2\right)$$

上面这些值在下面范围内是满足条件(c)的:

R_{III}

$$A_2 < a/b < A_3 = 1.1262\cdots\text{①}$$

由于 v 和 ω 由不同的参与人支配,所以在 R_{III} 的情况下均衡点不唯一,它们也不形成一个上面提到的交换系统。难以理解的是这个博弈确实具有一个确定的值(如果我们假定不存在未知的均衡点)。因此,在所有二人零和博弈的解中可以找到的两个性质——博弈的值的存在性及均衡策略的可交换性,在我们的三人扑克牌博弈中相互是完全独立的。

$a/b = A_3$ 的情况并没有体现在上述图中,因为在这里我们找到了一个两参数的均衡点集。交换体系由一个参数确定,而支付仅取决于另一个参数。在 A_3 时出现的一个新系数是 β,即参与人 1 的讹诈系数;接着马上要纳入参与人 3 的反讹诈系数 κ。由于 $a/b > A_3$,参与人 1 的均衡值最后也开始得到改善②。

3.11　串谋博弈

为了便于把我们的解与冯·诺依曼和摩根斯滕③所定义的解进行比较,我们现在计算 $a = b$ 时博弈的"特征函数"。即不管其他人如何

---

① A^3 是多项式样 $12A^3 - 14A^2 - 3A + 4$ 的最大根。如果 a/b 大于 A^3,那么 Δ_β 就变为正数。

② 容易证明,在 $a \geqslant 4b$ 时对所有参与人博弈的值都是 0。因为在这种情况下,不管有什么牌,每个参与人下注都能保证自己得到这一数量的支付。

③ 要想了解这些解的实际结构以及对它们的解释,请参阅前引书中的讨论,特别是第 282—290 页。

行动,对每一个参与人集合(一个同盟),我们确定他们作为整体时所能得到的最大支付。因此,我们实际上求得 3 个不同的二人零和博弈值。在这里,我们通过找出最优策略来实现。

我们不可能通过单人行为系数来表示一个同盟的所有策略①。所需的相关的随机选择过程,在下面以[1,3]的最优策略作出解释。对其他的串谋用单人行为系数恰好能描述最优博弈。

几种串谋的最优策略如下:

$$[1]\ \alpha = 2/3 \qquad\qquad [2,3]\ \xi = 2/3.$$

$$[2]\ \varepsilon = 7/11, \zeta = 3/11 \qquad [1,3]\begin{cases} \alpha = 0, \xi = 3/16 & 概率为 8/11 \\ \alpha = 1, \xi = 0 & 概率为 3/11 \end{cases}$$

$$[3]\ \mu = 1/4, 0 \le \xi \le 2/3 \qquad [1,2]\ \alpha = 3/4 \quad \varepsilon = 0$$

如果不作特别说明,总是高牌时下赌注,低牌时过牌。就[3]而言,最优策略并不是唯一的;而对其他适当形式的联盟而言,最优策略却是唯一的。

特征函数如下:

$$V([1]) = -V([2,3]) = -a/12 = -0.0833a$$

$$V([2]) = -V([1,3]) = -5a/88 = -0.0568a$$

$$V([3]) = -V([1,2]) = a/64 = 0.0156a$$

$$V([1,2,3]) = V(0) = 0$$

因此,尽管其他两人串谋对付他,但第三个参与人有正的期望支付。

---

① 两人同盟的可用信息并非单调递增。在再走第二步时,同盟已经"忘记"了他的第一位成员手中的牌。

冯·诺依曼和摩根斯滕所定义的解是位于三角形三条边上的三维数集(见图3.2)。均衡点正好包含在其中两个解当中,而这两个解恰巧是"区分"型的。从图3.2可以明显看出,参与人3最担心他的对手之间的串谋行为。

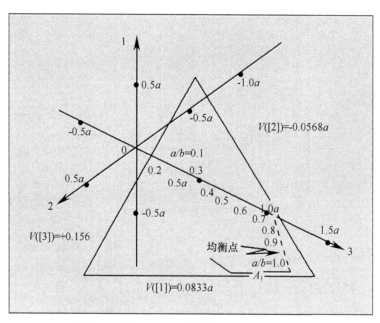

图 3.2 在 $a = b$ 时,串谋博弈的特征三角形

($a/b \in (0, A_3)$ 时非合作博弈的值)

4 非合作博弈

纳什

（John F. Nash, Jr.）

（1950 年 10 月 11 日收到）

4.1　引言

冯·诺依曼和摩根斯滕在他们合著的《博弈论与经济行为》一书中对二人零和博弈问题创立了一个富有成果的理论。该书同时也研究了 n 人合作博弈理论，该理论是基于对博弈各方不同串谋形式形成的分析而建立起来的。

与此相反，我们的理论建立在没有联盟的基础之上，也就是假定博弈各方独立行动，相互之间没有合作和交流。

均衡点概念是本理论的基本概念，它是对二人零和博弈的解的概念的推广。我们将会看到，二人零和博弈均衡点的集合即为所有相对抗的"最优策略"对的集合。

在接下去的几节中，我们将给出均衡点的定义，并且证明任何有限的非合作博弈至少有一个均衡点。另外我们还将引入非合作博弈的可解性和强可解性的概念，同时利用博弈均衡点集的几何结构证明一个定理。

我们用一个简化了的三人扑克牌博弈作为应用该理论的一个例子。

4.2 正式的定义和术语

在这一节,我们将定义本文中所用的一些基本概念,并且创立一套标准的术语和记号。我们把一些重要的定义放在需要定义的概念的小标题之后。我们并没有明显给出非合作的思想,而是暗含在下文之中。

有限博弈:

n 人博弈即为 n 个参与人,每个参与人只有有限个纯策略,并且与第 i 个参与人对应的支付函数用 p_i 表示,这样就在 n 维纯策略集合与实数集之间形成了一个映射。我们说 n 维策略,即是指 n 个参与人的策略组成的一个向量。其中每一个策略属于不同的参与人。

混合策略,s_i:

参与人 i 的混合策略是指与他的纯策略一一对应且和为 1 的一组非负实数。

我们用 $s_i = \sum_\alpha c_{i\alpha} \pi_{i\alpha}$ 表示一个混合策略, 其中,$c_{i\alpha} \geq 0$ 且 $\sum_\alpha c_{i\alpha} = 1$,$\pi_{i\alpha}$ 表示参与人 i 的纯策略。我们把 s_i 看作是顶点为 $\pi_{i\alpha}$ 的单纯形的点。这个单纯形可以看作是向量空间的一个凸子集,它自然为我们给出了用线性组合表示混合策略的方法。

我们用下标 i,j,k 表示参与人,用下标 α,β,γ 表示参与人不同的纯策略。符号 s_i,t_i 和 γ_i 等表示混合策略,$\pi_{i\alpha}$ 表示第 i 个参与人的第 α 个纯策略,余此类推。

支付函数，p_i：

在上面有限博弈的定义中所用的支付函数 p_i 可以唯一地扩展到 n 维混合策略，它对每个参与人的混合策略是线性的（n 元线性）。我们仍然用 p_i 表示这种扩展形式，写成 $p_i(s_1,s_2,\cdots,s_n)$。

我们将用 s 和 t 表示 n 维混合策略，并且如果 $s = (s_1,s_2,\cdots,s_n)$，那么，$p_i(s)$ 即为 $p_i(s_1,s_2,\cdots,s_n)$。这个 n 维混合策略 s 可以看作是向量空间的一个点。该向量空间即为包含混合策略的积空间，并且所有这样的 n 维向量形成了一个凸多面体，它是混合策略单纯形的积空间。

为方便起见，我们用替代符号 $(s;t_i)$ 表示 $(s_1,s_2,\cdots,s_{i-1},t_i,s_{i+1},\cdots,s_n)$。其中，$s = (s_1,s_2,\cdots,s_n)$，用 $(s;t_i;r_j)$ 表示相继的替代 $((s;t_i);r_j)$，余此类推。

均衡点：

一个 n 维策略向量 s 当且仅当满足下列条件时是均衡点：

对每一个参与人

$$p_i(s) = \max_{\text{所有}r_i s}[p_i(s,r_i)] \tag{1}$$

因此，均衡点是一个 n 维策略向量 s，它使得在给定其他人策略选择的条件下，每一个参与人选择最大化他的期望支付的混合策略。相对于其他人的策略而言，每一个参与人的策略都是最优的。有时我们把均衡点缩写为 eq. pt。

如果 $s_i = \sum_{\beta} c_{i\beta}\pi_{i\beta}$ 且 $c_{i\alpha} > 0$，我们说混合策略 s_i 用到纯策略 $\pi_{i\alpha}$；如果 $s = (s_1,s_2,\cdots,s_n)$，且 s_i 用到 $\pi_{i\alpha}$，我们说混合策略 s 用到 $\pi_{i\alpha}$。

由于支付函数 $p_i(s_1,s_2,\cdots,s_n)$ 是 s_i 的线性函数：

$$\max_{\text{所有}r_i s}[p_i(s,r_i)] = \max_{\alpha}[p_i(s;\pi_{i\alpha})] \tag{2}$$

我们定义 $p_{i\alpha}((s) = p_i(s;\pi_{i\alpha})$，那么就得到 s 是一个均衡点的平凡

的充要条件为：

$$p_{i\alpha}(\mathfrak{s}) = \max_{\alpha} p_{i\alpha}(\mathfrak{s}) \qquad (3)$$

如果 $\mathfrak{s} = (s_1, s_2, \cdots, s_n)$ 且 $s_i = \sum_{\alpha} c_{i\alpha}\pi_{i\alpha}$，那么 $p_i(\mathfrak{s}) = \sum_{\alpha} c_{i\alpha} p_{i\alpha}(\mathfrak{s})$。因此，只要 $p_{i\alpha}(\mathfrak{s}) < \max_{\beta} p_{i\beta}(\mathfrak{s})$，要使(3)式成立就必须满足 $c_{i\alpha} = 0$。也就是说：除非 $\pi_{i\alpha}$ 是参与人的一个最优纯策略，否则 $\mathfrak{s}$ 没有用到纯策略 $\pi_{i\alpha}$。因此我们可以写下均衡点的另一个充要条件：

$$\text{如果}\mathfrak{s}\text{用到}\pi_{i\alpha}，\text{那么}p_{i\alpha}(\mathfrak{s}) = \max_{\beta} p_{i\beta}(\mathfrak{s}). \qquad (4)$$

由于均衡点条件(3)可以通过使 n 维均衡策略空间中的 n 对连续函数相等而表达出来，显然所有的均衡点形成了这个空间的一个闭子集。事实上这个闭子集是由一些代数簇被另一些代数簇截去后所剩下的部分组成的。

4.3 均衡点的存在性

基于角谷静夫(Kakutani)不动点定理而对存在性定理给出的证明(发表在 Proc. Nat. Acad. Sci. U. S. A. pp. 48—49)，这里给出另一种较前一种有更大改善的证明方法，该方法直接由布劳维尔(Brouwer)不动点定理得出。我们的证明是在 n 维空间里构建一个连续变换 T，使得 T 的不动点就是博弈的均衡点。

定理1 每一个有限博弈都有一个均衡点。

证明：令 $\mathfrak{s}$ 为一个 n 维混合策略向量。$p_i(\mathfrak{s})$ 是与之对应的第 i 个参

与人的支付。$p_{i\alpha}(\mathfrak{s})$是在其他人继续使用$\mathfrak{s}$中各自的混合策略且第$i$个参与人将其策略换成第$\alpha$个纯策略$\pi_{i\alpha}$时的支付。现在我们用下式来定义$\mathfrak{s}$上的一组连续函数：

$$\varphi_{i\alpha}(\mathfrak{s}) = \max(0, p_{i\alpha}(\mathfrak{s}) - p_i(\mathfrak{s}))$$

对$\mathfrak{s}$的每一个分量s_i我们用下式定义一个新的混合策略$s_i{}'$

$$s_i{}' = \frac{s_i + \sum_\alpha \varphi_{i\alpha}(\mathfrak{s})\pi_{i\alpha}}{1 + \sum_\alpha \varphi_{i\alpha}(\mathfrak{s})}$$

注意，$\mathfrak{s}'$即为n维向量$(s_1{}', s_2{}', \cdots, s_n{}')$。

现在我们只需证明映射$T:\mathfrak{s} \to \mathfrak{s}'$的不动点就是均衡点。

首先考察任何n维混合策略$\mathfrak{s}$。在$\mathfrak{s}$中第i个参与人的混合策略s_i将用到他的某些纯策略，为使$p_{i\alpha}(\mathfrak{s}) \leqslant p_i(\mathfrak{s})$，这些纯策略的某一个，如$\pi_{i\alpha}$，必是"最无利可图"的策略，这将使得$\varphi_{i\alpha}(\mathfrak{s}) = 0$。

现在如果n维混合策略$\mathfrak{s}$在映射T下恰好不动，那么s_i中用到的纯策略$\pi_{i\alpha}$在T下一定不减。因此，为使$s_i{}'$表达式的分母不超过1，对所有的β，$\varphi_{i\beta}(\mathfrak{s})$的值必为零。

因此，如果混合策略$\mathfrak{s}$在T下不动，那么对任何i和β有$\varphi_{i\beta}(\mathfrak{s}) = 0$。这就意味着任何参与人都不可能通过改变自己的纯策略$\pi_{i\beta}$而使自己的境况变好，但这正是均衡点的判据[见(2)]。

反过来，如果$\mathfrak{s}$是一个均衡点，那么所有的φ的值均为零，这就使得$\mathfrak{s}$是在T的作用下的一个不动点。

由于n维混合策略空间是一个胞腔，且由布劳维尔不动点定理可知映射T至少有一个不动点$\mathfrak{s}$，该点一定是一个均衡点。

4.4 博弈的对称性

博弈的**自同构**或**对称性**就是满足下面给出的一定条件的纯策略的一个排列。

如果两个策略属于同一个参与人,那么它们一定是属于同一个参与人的两个策略。因此,如果 ϕ 是一个纯策略的排列,那么它导出参与人的一个排列 ψ。

每一个 n 维的纯策略因而被排列成另一个 n 维的纯策略。我们可称 χ 为这些 n 维纯策略的诱导排列。记 n 维纯策略为 ξ,与之对应,第 i 个参与人采用 n 维纯策略 ξ 时所得的支付用 $p_i(\xi)$ 表示。我们要求:

如果 $j = i^\psi$,   那么 $p_j(\xi^\chi) = p_i(\xi)$

这就完成了博弈对称性的定义。

排列 ϕ 对混合策略有唯一的线性扩展。如果

$$s_i = \sum_\alpha c_{i\alpha} \pi_{i\alpha}$$

我们定义:

$$(s_i)^\phi = \sum_\alpha c_{i\alpha} (\pi_{i\alpha})^\phi$$

由 ϕ 到混合策略的扩展显然可以得出由 χ 到 n 维混合策略的扩展。我们也将把它记为 χ。如果对所有的 χ,有 $\mathfrak{s}^\chi = \mathfrak{s}$,那么我们把 $\mathfrak{s}$ 定义为博弈的对称的 n 维策略向量。

定理 2 任何有限博弈有一个对称的均衡点。

证明：首先，我们注意到 $s_{i0} = \sum_{\alpha} \pi_{i\alpha} / \sum_{\alpha} 1$ 有性质 $(s_{i0})^{\phi} = s_{j0}$，其中 $j = i^{\psi}$，使得 n 维混合策略 $s_0 = (s_{10}, s_{20}, \cdots, s_{n0})$ 在任何 χ 下是不动的。由此可知，任何博弈至少有一个 n 维混合策略是对称的。

如果 $s = (s_1, s_2, \cdots, s_n)$ 和 $t = (t_1, t_2, \cdots, t_n)$ 是对称的，那么

$$(s + t)/2 = ((s_1 + t_1)/2, (s_2 + t_2)/2, \cdots, (s_n + t_n)/2)$$

也是对称的。因为，$s^{\chi} = s \leftrightarrow s_j = (s_i)^{\phi}$，其中 $j = i^{\psi}$。由此可得，

$$\frac{s_j + t_j}{2} = \frac{(s_i)^{\phi} + (t_i)^{\phi}}{2} = \left(\frac{s_i + t_i}{2}\right)^{\phi}$$

因此

$$((s + t)/2)^{\chi} = (s + t)/2$$

这表明对称的 n 维混合策略集合是策略空间的凸子集，它显然是闭的。

现在注意，在证明存在性定理时所用到的映射 $T: s \to s'$ 是内在地定义了的。因此，如果 $s_2 = s_1$，并且 χ 是从对称博弈的一个排列得出的，我们将得到 $s_2' = Ts_1'$。如果 s_1 是对称的，即 $s_1' = s_1$，则有 $s_2' = Ts_1 = s_2$。由此可得，这个变换把对称的 n 维策略的集合变换到它自身。

由于这个集合是一个胞腔，所以必有一个对称的不动点 s，它一定是一个对称的均衡点。

4.5 解

在这里,我们定义解、强解及次解。非合作博弈并不总有解,但若有解时,其解是唯一的。强解是指具有特殊性质的解。次解总是存在的,且有许多解的性质,不过缺乏唯一性。

S_1 将表示参与人 i 的混合策略集,$\mathbb{S}$ 表示 n 维混合策略集。

可解性:

如果一个博弈的均衡点集 $\mathbb{S}$ 对所有 i 满足条件

$$(t;r_i) \in \mathbb{S} \text{且} \mathfrak{s} \in \mathbb{S} \to (\mathfrak{s};r_i) \in \mathbb{S} \tag{5}$$

那么它就是可解的。

上述条件被称为可交换条件。可解博弈的解就是其均衡点集 $\mathbb{S}$。

强可解性:

如果一个博弈有解 $\mathbb{S}$,且对任何参与人 i 都满足下面这个条件:

$$\mathfrak{s} \in \mathbb{S} \text{且} p_i(\mathfrak{s};r_i) = p_i(\mathfrak{s}) \to (\mathfrak{s};r_i) \in \mathbb{S}$$

那么它就是强可解的,而 $\mathbb{S}$ 叫作该博弈的一个**强解**。

均衡策略:

在可解博弈中,令 S_i 表示满足下面条件的混合策略 s_i 的集合,对某个 t,n 维混合策略 $(t;s_i)$ 是一个均衡点(s_i 是该均衡点的第 i 个坐标)。我们称 S_i 为参与人 i 的**均衡策略集**。

次解：

如果$\mathbb{S}$是一个博弈均衡点集的子集并且满足条件(1)；并且如果它是相对于上述性质的最大集，那么我们称$\mathbb{S}$是一个**次解**。

对任何次解$\mathbb{S}$，我们把满足条件："对某个策略t，次解$\mathbb{S}$包含混合策略$(t;s_i)$"的所有s_i的集合定义为第i个**因子集** S_i。

注意当次解是唯一的时，它就是博弈的解；并且它的因子集S_i就是均衡策略集。

定理3 次解$\mathbb{S}$就是满足$s_i \in S_i$的所有n维混合策略向量$(s_1, s_2, \cdots, s_n)$的集合，其中S_i是$\mathbb{S}$的第i个因子集。从几何上说，$\mathbb{S}$即为它所有因子集的积。

证明：考虑这样一个n维策略向量$(s_1, s_2, \cdots, s_n)$。由定义可知，$\exists\ t_1, t_2, \cdots, t_n$，使得对每一个$i(t_1; s_i) \in \mathbb{S}$。连续$n-1$次用条件(5)，我们依次得到$(t_1; s_1) \in \mathbb{S}, (t_1; s_1, s_2) \in \mathbb{S}, \cdots, (t_1; s_1, s_2, \cdots, s_n) \in \mathbb{S}$。最后一式即为$(s_1, s_2, \cdots, s_n) \in \mathbb{S}$。这正是我们需要证明的。

定理4 次解的因子集$S_1, S_2, \cdots, S_n$是混合策略空间中的凸闭子集。

证明：只要证明下面(a)(b)两点即可。

(a)如果s_i和s_i'都属于S_i，那么$s_i^* = (s_i + s_i')/2 \in S_i$；

(b)如果$s_i^{\#}$是S_i的一个极限点，那么$s_i^{\#} \in S_i$。

取$t \in \mathbb{S}$，通过应用均衡点的条件(1)，对任意r_j我们有$p_j(t; s_i) \geqslant p_j(t; s_i; r_j)$以及$p_j(t; s_i') \geqslant p_j(t; s_i'; r_j)$。把这些不等式加起来，利用$p_i(s_1, s_2, \cdots, s_n)$关于$s_i$的线性性质，并且除以2，便可得$p_j(t; s_i^*) \geqslant p_j(t; s_i^*; r_j)$，因为$s_i^* = (s_i + s_i')/2$。由此可知，对任何$t \in \mathbb{S}$，$(t; s_i)$是一个均衡点。如果把所有均衡点$(t; s_i^*)$的集合加到均衡点集$\mathbb{S}$中，那么这个扩充了的集合显然满足条件(5)，又因为$\mathbb{S}$是最大均衡策略集，

所以便得到 $s_i^* \in S_i$。

要证明(b),注意到由于 $s_i^\#$ 是 S_i 中的一个极限点,所以 n 维混合策略 $(\mathfrak{t};s_i^\#)(\mathfrak{t} \in \mathfrak{S})$ 是形如 $(\mathfrak{t};s_i)$ 的 n 维向量 $(s_i \in S_i)$ 的极限点。而集合 S_i 是均衡点的集合,且均衡点集是闭集,从而该集合闭包内的每一点都是均衡点。因此极限点 $(\mathfrak{t};s_i^\#)$ 必是均衡点。用证明 $s_i^* \in S_i$ 同样的方法可以证明 $s_i^\# \in S_i$。

博弈值:

取 $\mathfrak{S}$ 为博弈的均衡点集,我们定义:

$$v_i^+ = \max_{\mathfrak{s} \in \mathfrak{S}}\big[p_i(\mathfrak{s})\big]$$

$$v_i^- = \min_{\mathfrak{s} \in \mathfrak{S}}\big[p_i(\mathfrak{s})\big]$$

如果 $v_i^+ = v_i^-$,可令 $v_i = v_i^+ = v_i^-$。其中 v_i^+ 为第 i 个参与人的博弈的**上界值**; v_i^- 是其博弈的**下界值**; 如果存在的话,上述 v_i 就是博弈的值。

如果一个博弈只有一个均衡点,那么其博弈值显然必须存在。

我们可以通过把 $\mathfrak{S}$ 限制在次解均衡点集的范围内,然后应用上述同样的定义方程来定义博弈的**副值**(associated value)。

按照上述的定义,二人零和博弈总是可解的。均衡策略的集合 S_1,S_2 就是"好"策略的集合。但这样的博弈并不总是强可解的,只有在纯策略中存在"鞍点"时才有强解。

4.6 简单的例子

下面例子的目的是说明本文中所定义的概念,同时说明这些具体博弈中所出现的一些特殊的情况。

第一个参与人的策略用罗马字母表示,左边的数字表示他的支付,余此类推。

例1

5	$a\alpha$	-3	
-4	$a\beta$	4	解为:
-5	$b\alpha$	5	$(9a/16 + 7b/16; 7\alpha/17 + 10\beta/17)$
3	$b\beta$	-4	$v_1 = -5/17, v_2 = 1/2$

例2

1	$a\alpha$	1	
-10	$a\beta$	10	强解为:(b,β)
10	$b\alpha$	-10	$v_1 = v_2 = -1$
-1	$b\beta$	-1	

例3

-1	$a\alpha$	1	不可解:均衡点为(a,α),(b,β)及$(a/2 +$
-10	$a\beta$	-10	$b/2, \alpha/2 + \beta/2)$,且最后一个解中的策略具
-10	$b\alpha$	-10	有最大最小和小最大性质。
1	$b\beta$	1	

例4

1	$a\alpha$	1	强可解:其解为任何混合策略。
0	$a\beta$	1	$v_1^+ = v_2^+ = 1 ; v_1^- = v_2^- = 0$
1	$b\alpha$	0	
0	$b\beta$	0	

例5

1	$a\alpha$	2	不可解:均衡点为 (a,α),(b,β) 及 $(a/4 +$
-1	$a\beta$	-4	$3b/4, 3\alpha/8 + 5\beta/8)$,然而实验测试表明均
-4	$b\alpha$	-1	衡趋向于 (a,α)。
2	$b\beta$	1	

例6

1	$a\alpha$	1	均衡点为:(a,α),(b,β),并且均衡点 $(b,$
0	$a\beta$	0	$\beta)$ 是不稳定的。
0	$b\alpha$	0	
0	$b\beta$	0	

4.7 解的几何形式

在二人零和博弈中,已经证明了参与人的"好的"策略的集合是其决策空间的凸多面体子集。在任何可解博弈中,对参与人均衡策略集我们会得到同样的结果。

定理5 在一个可解博弈中,均衡策略集 $S_1, S_2, \cdots, S_n$ 是各自混合策略空间的凸多面体子集。

证明:当且仅当对任何参与人 i,一个 n 维混合策略向量$\underline{s}$满足条件

[这正是条件(3)]

$$p_i(\mathfrak{s}) = \max_\alpha p_{i\alpha}(\mathfrak{s}) \qquad (6)$$

时,它才是均衡点。对任何参与人 i 及 α,与之等价的条件是

$$p_i(\mathfrak{s}) - p_{i\alpha}(\mathfrak{s}) \geqslant 0 \qquad (7)$$

现在我们考虑参与人 j 的均衡策略 s_j 的集合 S_j 的形式。由定理 (2),取 t 为任何均衡点,当且仅当 $s_j \in S_j$ 时,$(t;s_j)$ 才是均衡点。对 $(t;s_j)$ 应用条件(2),我们得到:

$$s_j \in S_j \leftrightarrow \text{对任何} j,\alpha \qquad p_i(t,s_j) - p_{i\alpha}(t,s_j) \geqslant 0 \qquad (8)$$

由于 p_i 是 n 元线性式且 t 是常量,上式是一系列形如 $F_{i\alpha}(s_j) \geqslant 0$ 的线性不等式。每一个这样的不等式要么对任何 s_j 均满足,要么位于通过策略空间单纯形的超平面上或位于超平面的同侧。因此这些条件的完全集(有限的)在第 j 个参与人的策略单纯形的某个凸多面体子集(半空间之交)上同时得到满足。

作为一个推论,我们可以得出结论:S_j 是有限个混合策略(顶点)的凸包。

4.8 优势法及反证法

对任何 t,如果 $p_i(t;s_i') > p_i(t;s_i)$,那么就称 s_i' 较 s_i 占优。这就是

说不管其他人选择什么策略,参与人 i 从选择策略 s_i' 所得到的支付大于从选择策略 s_i 所得到的支付。为了得出 s_i' 是否较 s_i 占优,由于支付 p_i 的 n 元线性性质,我们只须考虑其他参与人的纯策略就足够了。

从均衡的定义显然可知,均衡点当中不可能包括劣势策略 s_i。

一个混合策略被另一个策略占优常常带来其他占优关系。若假定策略 s_i' 较 s_i 占优,且 t_i 用到了在 s_i 中系数比在 s_i' 中系数大的所有纯策略,那么对足够小的正数 ρ

$$t_i' = t_i + \rho(s_i' - s_i)$$

是一个混合策略,并且据线性性质,t_i 优于 t_i'。

我们可以证明非劣势策略集的一些性质。它是单连通的,由策略单纯形的一些面组成。

通过寻找某个参与人的优势策略而获得的信息可能与其他参与人有关,正如在把一些混合策略排除在均衡点的可能的分量之外时那样。由于我们只需考虑各坐标均为非劣策略的混合策略 t,因而在排除一参与人某些策略的同时使得另一参与人的一些策略也被排除成为可能。

在确定均衡点时所用的另一种方法称为反证法。该方法首先假定均衡点存在且均衡时各分量策略是在策略空间一定的范围内;然后,在假说成立时,继续推出均衡点所满足的进一步的条件。这种推理方法可以通过几个阶段而进行,最后得出矛盾,该矛盾表明满足初始条件的均衡点是不存在的。

4.9 一个三人扑克牌博弈

我们用一个算是现实的例子——简化的三人扑克牌博弈,来作为该理论的一个应用。博弈规则如下:

(1)一副牌的数量很多且高低两种牌的数目一样,每一手牌只有一张牌。

(2)每人有两个筹码用于垫底、开牌和叫牌时下赌注。

(3)博弈轮流进行,当三人连续过牌,或者一参与人已经开叫而其他参与人有过一次叫牌机会后,博弈结束。

(4)如果没有人下赌注,那么每个人都取回自己的垫底。

(5)否则,所有赌注在下过赌注且有最高牌的参与人之间平均分配。

就博弈数量方面而言,我们发现"行为参数"比用《博弈论与经济行为》中提出的规范形式来处理更令人满意。在博弈的标准形式的描述中,一个参与人的两个混合策略在下述意义下是等价的,即每一个参与人在各自的特定情况下对自己的每一个行动过程以相同的频率作出选择。也就是说,它们描述了个人的同一行为模式。

行为参数给出了参与人在各种可能出现的情形下选取各种不同行动的概率,因此它们描述的是行为模式。

就行为参数而言,各参与人的策略可以如表 4.1 所示(由于在最后一次机会下赌注时高牌退出不合算,所以假定高牌不退出),其中希腊字母表示不同行动的概率。

表 4.1

参与人	第一次行动	第二次行动
I	α 高牌时开叫 β 低牌时开叫	κ 低牌时 Ⅲ 叫牌 λ 低牌时 Ⅱ 叫牌 μ 参与人Ⅱ和Ⅲ低牌时参与人 I 叫牌
Ⅱ	γ 低牌时 I 叫牌 δ 高牌时开叫 ε 低牌时开叫	ν 低牌时 Ⅲ 叫牌 ξ Ⅲ和 I 低牌时叫牌
Ⅲ	ζ I 和 Ⅱ 低牌时叫牌 η 低牌时开叫 θ 低牌时 I 叫牌 ι 低牌时 Ⅱ 叫牌	参与人Ⅲ没有机会进行第二次行动

为了确定所有可能的均衡点,我们首先说明大多数希腊字母参数必须为零。通过对占优的分析可以排除 β 并且由此而得出 γ,ζ 和 θ 为零,然后由反证法依次消去 μ,ξ,ι,λ,κ,ν 这些参数,于是只剩下 α,δ,η,ε 4 个参数了。由反证法可知这 4 个参数没有一个为 0 或 1,并且由此得到一个代数方程组。这个方程组在 (0,1) 中恰好有一个解,即为

$$\alpha = \frac{21 - \sqrt{321}}{10}, \eta = \frac{5\alpha + 1}{4}, \delta = \frac{5 - 2\alpha}{5 + \alpha}, \varepsilon = \frac{4\alpha - 1}{\alpha + 5}$$

由此可得:

$$\alpha = 0.308, \quad \eta = 0.635, \quad \delta = 0.826, \quad \varepsilon = 0.044$$

由于只有一个均衡点,所以此博弈的博弈值存在,该值为

$$v_1 = -0.147 = -\frac{(1 + 17\alpha)}{8(5 + \alpha)}$$

$$v_2 = -0.096 = -\frac{1 - 2\alpha}{4}$$

$$v_3 = -0.243 = \frac{79}{40}\left(\frac{1 - \alpha}{5 + \alpha}\right)$$

对这种扑克牌博弈更为完整的研究发表在 Annals of Mathematics Study No. 24, *Contributions to the Theory of Game*。在那里,根据垫底与赌注的比率对该博弈的解进行了分析,同时也研究了串谋的情形。

4.10 应用

如果在 n 人博弈中采纳公平竞争的伦理,那就一定产生非合作博弈过程,我们对此的研究理所当然的就成为应用这个理论的一个方向,并且扑克牌是我们的首选的研究目标。对一个更为现实的扑克牌博弈进行分析将会比我们的简化模型更有意义。

然而随着博弈复杂程度的增加,对博弈进行更为完全的研究所需的数学知识的复杂性提高得相当快。为了分析比我们这里所给的例子更为复杂的博弈,可能只有近似的计算方法才是可行的。

对合作博弈的研究是一种不很明显的应用类型。合作博弈即意味着这样一种情形,即包括通常意义上的参与人集合、纯策略集合及支付函数。但与冯·诺依曼和摩根斯滕理论一样,假定各参与人能够且愿意合作。这意味着各参与人在一个仲裁人的监督下可以交流和结成联盟。对各参与人支付(用效用单位表示)之间的可让渡性的限制,甚至对相容性假定的限制,是没有必要的。任何意愿的可转让性可以纳入博弈本身而不必假定它可能在博弈之外。

在简化为非合作形式的博弈的基础上,作者已经创立了一个"动态的"方法来研究合作博弈。我们可以通过构造一个博弈前谈判过程,以便使谈判步骤成为描绘全局情形,且扩展了的非合作博弈(它有无限的纯策略)的一个行动。

本文所提供的理论因而可以用来处理一些更大的博弈(扩展到无限博弈),如果能够得到博弈的值的话,我们可以把它看作非合作博弈的值。因此分析合作博弈的问题就变成了寻找一个合适的、有说服力且为讨价还价的非合作模型的问题。

通过这种处理,作者已经得到了所有有限二人合作博弈,以及一些特殊的 n 人博弈的值。

致　　谢

塔克(Tucker)博士、盖尔(Gale)博士和库恩(Kuhn)博士的有益批评和建议,对于改善本文的阐述很有帮助。大卫·盖尔建议研究对称博弈。扑克牌博弈的解出自夏普利(Lloyd S. Shapley)和本文作者的共同研究项目。最后,在 1949—1950 年做这项研究期间,作者一直得到原子能委员会(A. E. C)在财力上的大力支持。

参考文献

[1] Von Neumann, Morgenstern. *Theory of Games and Economic Behavior.* Princeton University Press,1944.

[2] Nash J F. Equilibrium Points in N – Person Games. *Proc. Nat. Acad.*

Sci. U. S. A. 36(1950):48—49.

[3] Nash J F. , Shapley L S. A Simple Three – Person Poker Games. *Annals of Mathematics Study* No. 24. Princeton University Press,1950.

[4] John Nash. Two Person Cooperative Games, to appear in *Econometrica.*

[5] Kuhn H W. Extensive Games. *Proc. Nat. Acad. Sci.* U. S. A. ,36 (1950):570—576

附　　录

纳什的论文"非合作博弈"是其博士论文经润色加工后的版本,其中有一部分做了删节。所删部分相当有趣,下面就把它献给读者。

动机及解释

在这一节,我们将试图解释本文中所引用概念的意义。也就是说,我们尽量说明均衡点及其解与现实中观察到的现象是如何联系起来的。

非合作博弈的一个基本要求是:各参与人之间不进行博弈前的交流过程(除非这种交流与博弈无关)。因此,这就暗含着各参与人之间没有串谋,也没有转移支付。由于没有额外的效用(支付)转移,所以不同参与人之间的支付实际上不具有可比性。如果我们把支付函数线性化: $p_i' = a_i p_i + b_i$,其中 $a_i > 0$,那么变换后的博弈在本质上与原博弈是一样的。注意,在这种变换下均衡点保持不变。

我们现在对均衡点进行"团队行为"的解释。在这一解释中,解的概念没有多大意义。我们不必假定参与各方对博弈的整个结构有充分的知识,或不必假定各参与人有经历一个复杂的推理过程的能力或倾向。但是我们要假定各参与方能积累有关他所能选择的不同的纯策略相对优势的经验信息。

更详细地说,我们假定对博弈的每一位置都存在(统计意义上的)一群参与人,同时我们假定"平均博弈行为"牵涉从 n 个人群中随机选出的 n 个参与者的博弈行为,并且由适当人群的"平均成员"所使用的每一个纯策略都有一个稳定的频率。

由于在博弈的不同情况下参与人之间不存在协作,所以在博弈过程中选择某一特定 n 维纯策略的概率,应为在博弈过程中随机选取 n 个纯策略中每个纯策略的被选到的机会所表示的概率之积。

在博弈过程中随机选择纯策略 $\pi_{i\alpha}$ 的概率记为 $c_{i\alpha}$,令 $s_i = \sum_{\alpha} c_{i\alpha}\pi_{i\alpha}$, $\mathfrak{s} = (s_1, s_2, \cdots, s_n)$,那么给定其他人的选择,参与人 i 选择其第 α 个纯策略 $\pi_{i\alpha}$ 的支付为 $p_i(\mathfrak{s}; \pi_{i\alpha}) = p_{i\alpha}(\mathfrak{s})$。

现在我们来看一下各参与人的经验会对博弈产生什么影响。像前面一样,我们假定各参与人能积累其所采用的纯策略的经验,也就是说假定他知道他采取各纯策略的支付数量 $p_{i\alpha}(\mathfrak{s})$。但是当他们了解这些时,他们就只会选择最优的纯策略 $\pi_{i\alpha}$:这些纯策略 $\pi_{i\alpha}$ 满足如下条件:

$$p_{i\alpha}(\mathfrak{s}) = \max_{\beta} p_{i\beta}(\mathfrak{s})$$

因此,由于 s_i 表示他们的行为,s_i 中只有最优纯策略的系数是正的,以致纯策略 $\pi_{i\alpha}$ 在 s_i 中用到就蕴涵着

$$S_i \Rightarrow p_{i\alpha}(\mathfrak{s}) = \max_{\beta} p_{i\beta}(\mathfrak{s})$$

但这正是 $\mathfrak{s}$ 成为均衡点的一个条件[见方程(4)]。

因此由对"团队行动"进行解释时所作出的假定可以得出以下结论:代表每一个人群平均行为的混合策略组成一个均衡点。

如果上述假定仍然满足,那么这些人群并不需要很大。在经济学或国际政治的一些问题中,各利益集团实际上并不知道他们在进行非合作博弈,这种不知晓有助于使这种情形成为真正的非合作博弈。

事实上,由于对有关信息、它们的使用以及平均频率的稳定性等信息的不完全性,我们当然只能求出一些近似均衡。

下面简单地提一下另一种解释,在这种情况下,博弈的解的概念起着重要的作用,并且这种情况适用于重复博弈。

我们从对如下问题的研究入手:什么是所讨论的博弈的理性过程对行为的理性预期? 理性预期应该是唯一的,各参与人应该能够推断出均衡策略并对之加以充分利用,并且各参与人对有关其他参与人如何选择行动的了解,应该不会使他的行动偏离他的正确预期。利用以上这些原则,我们就得到如前所定义的解的概念。

如果 $S_1, S_2, \cdots, S_n$ 是可解博弈的均衡策略集,那么"理性"预期就应该是:"如果进行实验,第 i 个进行博弈的理性人选择策略的平均行为定义了 S_i 中的一个混合策略 s_i"。

在这一解释中,为了各参与人能够推断出预测的结果,我们必须假定他们充分了解博弈的结构。这是一个相当强的理性的和理想化的解释。

在不可解的博弈中,为了把均衡点集限定到唯一一个次解。这个次解可以起解的作用,我们有时可以采用一些启发式的理由。

概言之,次解可以看作互相相容的均衡点的集合,它形成一个一致的统一体。显然,次解给出了均衡点集合的一个自然划分。

5 两人合作博弈[①]

纳什

(John F. Nash, Jr.)

在这篇论文里,作者将他先前对"讨价还价问题"的讨论扩展到更宽的情况,在这些情况下,威胁将产生作用。作者还引入了解释威胁这一概念的一种新方法。

---

① 本文的写作得到了兰德公司的支持,其早期版本以 RANDP－172,August 9, 1950 的形式出现。

5.1 引言

这里提出的理论旨在讨论包括这样两个个体的经济的(或其他的)情形,他们的利益既不完全对立,也不完全一致。使用合作一词,是因为我们假设两个个体可以一起讨论面临的情况,并就一个理性的共同行动计划达成一致,也即达成一个假定具有强制性的协议。

当从抽象的数学角度去研究这些情形时,我们习惯上把它们称之为"博弈"。这里,原来的情形被简化为一种数学描述或数学模型。在形成抽象的"博弈"过程中,只保留求解必需的最少量的信息。个体必须进行选择的各种实际行动过程是怎样并不重要。这些选择被视为没有特殊性质的抽象物,并称之为"策略"。我们只考虑两个人对使用各种可能的相对的策略组所造成的最终结果的态度(喜欢或不喜欢);但是必须充分利用这一信息,并且要能定量地进行表达。

冯·诺依曼(Von Neumann)和摩根斯滕(Morgenstern)的理论适用于这里讨论的一些博弈。他们假设,参与人可以对某种具有线性效用的商品进行"转移支付"(side-payment),这缩小了他们的理论的应用范围。在此篇论文里,没有关于转移支付的假设。如果允许存在转移支付,那么它只会影响到博弈可能的最终结果的集合。我们把转移支付看作实际博弈过程中可能发生的其他行为一样——不需要什么特别的讨论。还有一个不同之处在于,按冯·诺依曼和摩根斯滕的方法远不能得到确定的解。他们的方法使得最终情况的确定取决于转移支付。一般来说,转移支付也是不确定的,仅仅可以限定于某一取值范围内。

作者早些时候的一篇论文[3]讨论了一类博弈,从某种意义上说。它们正好与合作博弈相反。如果参与人不能以任何方式进行沟通或合作,这样的博弈就称为非合作博弈。非合作博弈理论上可以不加修改就应用于任意数量的参与人,但是本文讨论的合作博弈却只限于两个参与人的情况。

我们给出两种不同的方法得到两人合作博弈的解。

第一种方法,我们将合作博弈简化为非合作博弈。为此,我们将合作博弈中参与人的谈判步骤视为非合作模型中的行动。当然,我们不能将所有可能的讨价还价方式都作为非合作博弈中的行动。我们必须对谈判过程加以规范和限定,但是这要保证每一位参与人仍能充分利用其所处位置上的一切重要的东西。

第二种方法是公理化方法。我们把一些使博弈显然有解的性质列为公理,然后我们可以看到那些公理实际上使解唯一。这一问题的两种方法,即通过谈判模型或通过公理,是互相补充的,具有互相验证和互相解释的作用。

5.2 博弈的正式表达

每个参与人(一个和两个)都具有一个紧致的、凸的、可度量化的空间 S_i,它由混合策略 s_i 组成(那些不熟悉数学术语的读者会发现,忽略它们一样能理解得很好)。这些混合策略代表参与人 i 可以独立于其他参与人而采取的行动过程。这牵涉到深思熟虑的随机化决策,利用一个具有确定概率的随机过程在各种可能的备选对象之间作出选择。这种随机化是混合策略概念的实质性的组成部分。我们从混合策略空间开始,而不是从讨论一系列的行动等开始,这样我们就预先假定了将每一参与人的策略潜力归约到规范形式[4]。

参与人可能采取的共同行动过程可以形成一个类似的空间。但是重要的只是他们可以实现的那些效用对(u_1, u_2)组成的集合,如果参与人合作的话。我们称这一集合为B,它应该是(u_1, u_2)平面的紧致凸集。

对任意从S_1和S_2中选取的策略对(s_1, s_2)来说,当参与人选择此策略对时,都有与之相联系的每位参与人的效用。这些效用(博弈论的术语叫支付)用$p_1(s_1, s_2)$和$p_2(s_1, s_2)$来表示。尽管p_i不一定线性地依赖于同时变化的s_1和s_2,但是它们各自都是s_1的线性函数和s_2的线性函数;换句话说,p_i是s_1和s_2的双重线性函数。从根本上说,这一线性是我们对参与人的效用函数所作的假设的结果,这一点在冯·诺依曼和摩根斯滕[4]的论著的前几章中有详尽的论述。

因为每一种独立的策略对(s_1, s_2)都对应于一个联合策略(也许是无效率的),所以(u_1, u_2)平面上形如[$p_1(s_1, s_2), p_2(s_1, s_2)$]的点理所当然地都在集合$B$中。这样我们就完成了博弈的正式的或者数学的描述。

5.3 谈判模型

为了解释和证明用于求解的谈判模型,我们还得对两个个体面临的情形或者对博弈进行的条件所作的一般性假设进行更详细的说明。

我们假设每位参与人完全了解博弈的结构和对方的效用函数(当然他也知道自己的效用函数)(不能认为这一点与效用函数的确定仅限于相差形如 $u' = au + b, a > 0$ 的变换为止相矛盾)。这些关于信息假设应该引起注意,因为在实际情形下,它们一般不能完全满足。对我们需要的进一步的假设(参与人是聪明、理性的个体)来说,也是同样的道理。

谈判中一个共同的手段是威胁。威胁在我这里提出的理论中是一个相当重要的概念。我们将会看到,博弈的解不仅给出了参与人在该种情形下的效用,而且也指出了参与人在谈判中应采取何种威胁。

考虑一个威胁的过程,我们可以看到它有以下一些要素: A 通过让 B 相信,如果 B 不按 A 的要求去做,那么 A 将采取某种策略 T,而达到威胁 B 的目的。假设 A 和 B 是理性个体,那么若 B 不照做, A 就被迫要实施威胁 T,这对威胁的成功非常重要。否则的话,威胁就毫无意义。因为一般而言,如果单独考虑威胁本身,那么 A 并不想实施。

这一讨论的关键是,我们必须假设存在一个完善的机制,使得参与人坚持他们已作出的威胁和要价;并且一旦达成一致,交易必须执行。因而我们就需要某种仲裁人,他将保证合同和承诺的效力。

为了使博弈的描述完整,我们还必须假设参与人没有那种可能影响博弈的预先承诺。我们一定要将他们视为完全自由的主体。

5.4　正式的谈判模型

第一阶段:每一个参与人 i 选择一个混合策略 t_i,作为当两人不能达成协议,也就是说,如果他们的要价不相容时,他不得不采取的策略。这一策略 t_i 就是参与人 i 的威胁。

第二阶段:参与人互相通报自己的威胁。

第三阶段:在这一阶段,参与人独自行动,不进行沟通。这里,独自行动假设非常重要,而我们可以看到,在第一阶段,就不需要什么特别的假设。在第三阶段,每一位参与人确定自己的要价 d_i,即他的效用图上的一点。这里的意思是,除非合作方式给他带来的效用不小于 d_i,该参与人不会选择合作。

第四阶段:现在可以决定支付了。如果 B 中存在点 (u_1,u_2) 满足 $u_1 \geq d_1$,且 $u_2 \geq d_2$,那么参与人 i 的支付就是 d_i。也就是说,若参与人的要价能同时得到满足,那么每个人就得到他所要求的。否则的话,参与人 i 的支付就为 $p_i(t_1,t_2)$,即一定实施威胁。

在两个人的要价相一致的情况下,支付函数的选择看起来也许不合理,但是却有它的优点。它不会造成最终解的偏差,并且它给予参与人强烈的激励,在保持一致性的情况下,尽可能地提高自己的要价。但是它有可能造成选取的某些点不在 B 中。实际上,我们已经将 B 扩展到 B 中效用对的所有劣势(弱劣势,即 $u_1' \leq u_1, u_2' \leq u_2$)效用对所组成的集合。

实际上,我们面临的是一个两步博弈。因为第二和第四阶段中,参与人不需要作出任何决定。第二步的选择是在完全了解第一步行动的情况下作出的。因此,由第二步组成的博弈可以单独分开来讨论(它是一个具有由第一步选择确定的可变支付函数的博弈)。如果在这个博弈中,参与人不合作,那么威胁的选择就决定了他们的支付。

用 N 来表示 B 中的点 $[p_1(t_1,t_2),p_2(t_1,t_2)]$。它表示使用威胁的效果。用 u_{1N} 和 u_{2N} 作为 N 的坐标缩略形式。如果我们引入函数 $g(d_1,d_2)$,当要价一致时,值为 $+1$;当要价不一致时,值为 0。那么,我们可以将支付表达如下:

对参与人 1: $\qquad\qquad\qquad d_1 g + u_{1N}(1 - g)$

对参与人 2: $\qquad\qquad\qquad d_2 g + u_{2N}(1 - g)$

一般而言,由这些支付函数定义的要价博弈总有无数不等价的均衡点[3]。满足下列条件的要价对都可以形成均衡点:它的图像位于 B 的右上边界,并且既不在 N 的下方,也不在 N 的左方。所以,均衡点并不能让我们立即找到博弈的解。但是,如果我们按照稳定性来加以筛选,我们就可以摆脱这一讨厌的不唯一性。

为此,我们对博弈作"平滑"处理,以得到连续的支付函数,然后我们再研究平滑后的博弈的均衡点当平滑做法接近零时的极限性质。

这里采用的是很广泛的一类自然的平滑方法。这类方法的范围会比乍一想来的为广,因为许多表面上看起来不同的其他方法实际上是等价的。

为了平滑这一博弈,我们用一个连续函数 h 去逼近非连续函数 g,h 的函数值接近 g 的值,但在接近 B 的边界的点除外,因为此时 g 是非连续的。函数 $h(d_1,d_2)$ 表示要价 d_1 和 d_2 相容的概率。它也可以表示博弈的信息结构中的不确定性、效用大小等。为方便起见,我们假设在 B 上,$h = 1$,并且当 (d_1,d_2) 远离 B 时,h 很快趋近于零,但永远达不到零。通过假设效用函数在作适当变换后使得 $u_{1N} = u_{2N} = 0$，我们得到进一步的简化。这样，我们就可以将平滑后博弈的支付函数记作：$P_1 = d_1 h$，$P_2 = d_2 h$。要得到原来博弈的支付函数就用 g 代替 h。

如果在 d_2 不变的情况下，$P_1 = d_1 h$ 取得最大值；并且在 d_1 不变的情况下，$P_2 = d_2 h$ 取得最大值，那么被视为要价博弈中纯策略对的要价对 (d_1, d_2) 就是一个均衡点。现在假设 (d_1, d_2) 是这样一个点，它使得 $d_1 d_2 h$ 取得 d_1 和 d_2 为正数的整个区域上的最大值，则 $d_1 h$，$d_2 h$ 一定分别在 d_2 和 d_1 不变的情况下取得最大值，所以点 (d_1, d_2) 一定是一个均衡点。

如果随着与 B 的距离增大，函数 h 以一种不稳定或不规则的方式递减，那么就可能有更多的均衡点，而且可能有更多的点使 $d_1 d_2 h$ 取得最大值。但是，如果 h 规则变化，则只会有一个均衡点，与之相应的是 $d_1 d_2 h$ 的唯一一个最大值。然而，为了证明有解，我们并不一定要求 h 规则变化。

设 P 是这样一个点：它使得 $d_1 d_2 h$ 或等价的 $u_1 u_2 h$ 如上所述达到最大值，并设 ρ 是在集合 B 中 $u_1 \geq 0$，$u_2 \geq 0$ 部分 $u_1 u_2$ 的最大值。因为 $0 \leq h \leq 1$，且在 B 上 $h = 1$，所以 $u_1 u_2$ 在 P 点的值一定不小于 ρ。

图 5.1 描绘了这一情形。图中，Q 是 $u_1 u_2$ 在 B 上（以 N 为原点的第一象限）取得最大值的点，并且 $\alpha\beta$ 就是双曲线 $u_1 u_2 = \rho$，它与 B 相切于 Q 点。

从图 5.1 可以看到很重要的一点，P 必须位于 $\alpha\beta$ 之上，但同时又要充分接近 B 以使 h 接近于 1。当我们使用的平滑越来越少时，随着与 B 的距离增大，h 将减小得越来越快。因此，$u_1 u_2 h$ 取最大值的点 P 一定也越来越接近 B。从极限来看，所有这样的点都会接近点 Q，即 B 和 $\alpha\beta$ 上方区域的唯一切点。因此，Q 是所有均衡点的极限，并且是唯一的。

我们把 Q 作为要价博弈的解，其特征为：它是**平滑后博弈的所有均衡点的唯一必然极限**。u_1 和 u_2 在 Q 点的值就被视为要价博弈的值，

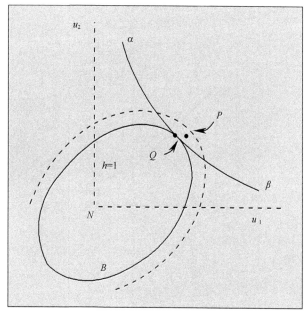

图 5.1

同时也就是最优的要价。

上面的讨论暗含着一个假设：B 包含所有满足 $u_1 > 0, u_2 > 0$（经过使得在 N 点 $u_1 = u_2 = 0$ 的标准化之后）的点。其他情形可以不借助平滑过程用更简单的方法加以讨论。在这些"退化情形"下，B 中只有一个点优于点 N，且 B 中其他任何点都不优于它〔如果 $u_1' \geqslant u_1$，且 $u_2' \geqslant u_2$，我们称点 (u_1', u_2') 优于点 (u_1, u_2)〕（见图 5.3）。这就给出了这些情形下显然的解。

我们还应注意到，要价博弈的解点 Q 是威胁点 N 的连续函数。还有一个重要的几何特征可以帮助我们理解 Q 依赖于 N 的方式。解点 Q 是 B 与一条双曲线的切点，这条双曲线以经过 N 的垂线和水平线为渐进线。设 T 为这条双曲线在 Q 点的切线（见图 5.2）。

如果对效用函数作线性变换，那么 N 可以作为原点，而 Q 为点（1，

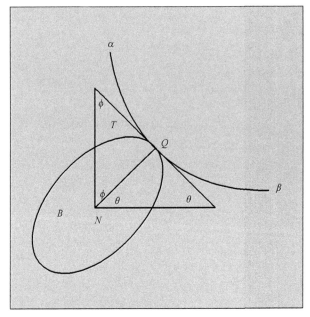

图 5.2

1),则 T 的斜率为 -1,而直线 NQ 的斜率为 $+1$。关键的一点在于,T 的斜率正好是 NQ 斜率的相反数,因为这一性质不会受效用函数线性变换的影响。T 就是集合 B 的支持线(即 T 是这样一条线:B 中的点或者在它左下方,或者就在它上面。想了解证明,见参考文献[2],那里有同样的情况)。

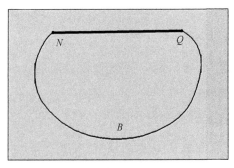

图 5.3

我们现在可以给出这样的判定定理:若 NQ 斜率为正,B 的支持线 T 经过 Q 且其斜率为 NQ 斜率的相反数,则 Q 是威胁点为 N 的解点。若 NQ 是水平线(或垂直线),且其本身是 B 的支持线,Q 是 B 和 NQ 的交集中最右方(或最上方)的点,则 Q 也是威胁点为 N 的解点(见图 5.3),并且若 Q 是解点,则上述情形必居其一。该判定定理是充分必要条件。

与 B 相切于右上边界上点 Q 的任意支持线决定了一条补配线 (complementary line),它经过 Q,且其斜率为支持线斜率的相反数。这条补配线与 B 相交形成的线段上的所有点具有这样的特征:如果将之作为威胁点,其对应的解点都是 Q。所有这样的线段形成 B 的一个直纹面,由与 B 的上右边界相交的直线段组成。给定威胁点 N,它对应的解点就是经过它的线段的右上端点(除非 N 也许不止在一个直纹面上,从而一定在 B 的右上边界上,并且它就是其自身的解点)。

我们现在可以来分析威胁博弈了,这一博弈由前一博弈的第一步构成,并且其支付函数由要价博弈的解决定。这一支付取决于 N 的位置,特别是 N 所处的直纹面。越高的(或越左的)直纹面对参与人 2 越有利(我们规定 u_2 由效用平面上的垂直坐标轴表示),而对参与人 1 越不利。

这样,如果其中一个参与人,比如参与人 1 的威胁固定在 t_1,那么 N 的位置就是另一参与人的威胁 t_2 的函数。N 的坐标 $p_1(t_1,t_2)$ 和 $p_2(t_1,t_2)$ 都是 t_2 的线性函数。因此,由这一情形定义的 t_2 到 N 的变换就是参与人 2 的威胁空间 S_2 到 B 的线性变换。那部分落在最有利(对参与人 2)的直纹面上的 S_2 的像包含了参与人 1 将威胁固定在 t_1 时最佳反应威胁的像。因为 S_2 到 B 的变换具有线性和连续性性质,所以这一最佳反应集一定是 S_2 的紧致凸子集。

通过求解要价博弈,我们定义了威胁博弈的支付函数。由于 N 作

为 t_1 和 t_2 的函数,以及 Q 作为 N 的函数都具有连续性,这就保证了这一支付函数是威胁的连续函数,而且这足以使每个参与人的最佳反应集成为引起反应的威胁的所谓上半连续函数。现在来看任意威胁对(t_1,t_2),对这一威胁对中的每个威胁,另一参与人都有一个最佳反应集。我们从两个参与人的反应集中各取一个威胁组成一个威胁对,所有这些威胁对组成的集合,我们称为 $R(t_1, t_2)$。R 是(t_1, t_2)的上半连续函数,在相互威胁对空间 $S_1 \times S_2$ 中,$R(t_1, t_2)$ 总是凸集。

我们现在就可以运用卡林(Karlin)[1,pp.159-160]推广后的角谷静夫(Kakutani)不动点定理。这个定理告诉我们,存在某一威胁对(t_{10},t_{20})包含于其自身的反应集$R(t_{10}, t_{20})$。也就是说,这一威胁对中的每一威胁都是对方威胁的最佳反应。从而,我们找到了威胁博弈的均衡点。值得注意的是,这一均衡点是由威胁博弈中的纯策略组成的(要是采用混合策略,则牵涉对几个威胁的随机化)。

威胁对(t_{10}, t_{20})还具有最小最大(minimax)和最大最小(maximin)性质。因为博弈的最终支付取决于 Q 点在 B 的右上边界上所处的位置,且这一边界是一条斜率为负的曲线,所以每一参与人的支付都是另一参与人的支付的单调递减函数。因而,如果参与人 1 坚持 t_{10},那么,在不改善自己状况的情况下,参与人 2 无法选择除 t_{20} 外的其他威胁来使参与人 1 的状况变坏,因为(t_{10}, t_{20})是一个均衡点[3]。因此,t_{10} 保证参与人 1 得到均衡支付,而 t_{20} 对参与人 2 也同样如此。

现在,我们可以看到,威胁博弈与零和博弈十分相似,如果假设其中一个参与人先选择威胁,再告知另一参与人,而不是两人同时选择,这样的结果不会有什么不同。这是因为在纯策略中有一个"鞍点"(saddle-point),这与要价博弈非常不同。在那种情形下,先作要价的权力非常有价值,因而对这里的博弈而言,同时性就十分关键。

小结一下,我们现在已经解决了谈判模型,找到了博弈对两个参与人的值,并且证明了存在最优威胁和最优要价(最优要价就是博弈的值)。

5.5   公理方法

除了通过分析讨价还价过程解决两人合作博弈之外,我们还可以通过罗列"任何合理的解"应该具有的普遍性质,采用公理方法解决问题。当列出的这些性质足够明细时,我们就得到唯一的解。

下述公理将导致与谈判模型同样的解,但是,这里没有要价或威胁的概念。这里关注的只是博弈的解(这里视为值)与基本空间和作为博弈数学描述的函数之间的关系。

完全不同的方法却得到同样的解,这一点具有相当重要的意义。它表明,求出的解不仅适用于满足前述模型假设条件的情形,对更广泛的情形它也适用。

下面的论述中,除新加的一些概念外,其他的表示都与前面一样。三元组 (S_1, S_2, B) 表示一个博弈,$v_1(S_1, S_2, B)$ 和 $v_2(S_1, S_2, B)$ 是博弈对两个参与人的值。当然,(S_1, S_2, B) 这种三元组表示法不能明确给出确定一个博弈必须的支付函数 $p_1(s_1, s_2)$ 和 $p_2(s_1, s_2)$。

公理 I:每一博弈 (S_1, S_2, B) 存在唯一解 (v_1, v_2),它是 B 中的某个点。

公理 II:若 (u_1, u_2) 在 B 内,且 $u_1 \geqslant v_1, u_2 \geqslant v_2$,则 $(u_1, u_2) = (v_1, v_2)$,即除解本身外,B 中不存在其他弱优于解的点。

公理Ⅲ:只对效用作线性变换($u_1' = a_1 u_1 + b_1$,$u_2' = a_2 u_2 + b_2$,其中a_1,a_2均为正数)的序不改变博弈的解。容易理解,效用的变换将直接改变有关的数值,但(v_1,v_2)在B中的相对位置不变。

公理Ⅳ:将哪一个参与人定为参与人1都不影响博弈的解。换句话说,它是博弈的对称函数。

公理Ⅴ:若通过限定B为可实现效用对之集,将博弈作一改动,且新的集合B'包含原博弈的解点,则这一点也是新博弈的解点。当然,为使(S_1,S_2,B')成为一合理博弈,新的集合B'也必须包含所有形如$[p_1(s_1,s_2),p_2(s_1,s_2)]$的点,其中$s_1$,$s_2$分别属于$S_1$,$S_2$。

公理Ⅵ:对参与人可用策略集的限制不会增加博弈对他的值。用符号表示就是,若S_1'包含于S_1,则$v_1(S_1',S_2,B) \le v_1(S_1,S_2,B)$。

公理Ⅶ:存在某种方法将两个参与人的选择限定为单策略,但不会增加博弈对参与人1的值。用符号表示就是,存在s_1和s_2,使得$v_1(s_1,s_2,B) \le v_1(S_1,S_2,B)$。同样,对参与人2也是如此。

对公理Ⅰ不需要什么解释,它只是对合意解的类型的一个说明。公理Ⅱ表达的意思是,参与人应该以最优效率进行合作。公理Ⅲ阐述了效用不可比原则。每一参与人的效用函数的确定仅限于相差一个线性变换的序。这一不确定性是效用定义[4,1.3]的一个很自然的结果。否定公理Ⅲ等于是假设除个人的相对偏好外的某种其他因素使得效用函数更确定,并且这种因素对确定博弈的解起着至关重要的作用。

对称公理(公理Ⅳ)是说,参与人之间唯一重要的(在确定博弈的值方面)差异是包含在博弈的数学描述中的那些差异,它们包括策略集和效用函数的不同。也许有人会认为,公理Ⅳ就是要求参与人是聪明和理性的人。然而我们认为,尽管在"讨价还价问题"[2]中曾谈及这一问题,但如果将这一公理视为参与人"同等讨价还价能力"的表述,那就不对了。对足够聪明和理性的人来说,不存在什么"讨价还价能力"的问题,这个词暗含的是一些诸如欺诈对方的技巧等东西。通常,讨价还价过程的信息是不完全的,每一个讨价还价者都企图使对方对参与其中的效用产生错觉。我们的完全信息假设就使这种企图毫无意义。

对公理Ⅴ的解释要比其他公理难一些,在"讨价还价问题"[2]中有一些相关的讨论。这一公理相当于一个解点取决于集合 B 的形状的"定域"公理。解点在 B 的右上边界上的位置仅仅取决于边界向两边延伸一点点的一小段的形状。它的位置并不取决于边界的其余部分。

因而,在 B 的形状对解点位置的影响中,不存在"远程作用"。用讨价还价的语言来说,这就好像一个提议的交易只能在微小调整中完成,而且谈判最终将理解为只能在很有限的范围内可以成交,而不会考虑其他相差太远的选择。

只有最后两个公理才主要与策略空间 S_1 和 S_2 相关,也才是真正新的内容。其他的公理只是对"讨价还价问题"中的公理加以适当调整后得到的叙述。公理Ⅵ是说,限制参与人可选的威胁不会增加博弈对他的值。这显然是合理的。

公理Ⅶ的必要性就不那么明显了。它的作用是:排除威胁空间对参与人的值取决于威胁的集体的或相互的强制性这种可能性。如果从公理Ⅶ在阐明公理的可接受性方面所起的作用来看,可能更容易理解为什么要设置这样一个公理。

借助于"讨价还价问题"中的结果,我们可以直接得到一些论点,它们用于表明公理的作用和说明我们用这一模型得到的同一解的特征。我们首先来考虑每一参与人只有一个威胁的博弈。这一博弈实质上是"讨价还价问题",而且对这种博弈,我们的公理Ⅰ,Ⅱ,Ⅲ,Ⅳ和Ⅴ与"讨价还价问题"中的公理是一样的。

这样就得到了上述博弈的解。它一定跟"讨价还价问题"中的解是一样的,而后者与前面我们在要价博弈(它在每一参与人选定威胁后开始进行)中得到的解一样。这一解用最大化 $[v_1 - p_1(t_1, t_2)]$ $[v_2 - p_2(t_1, t_2)]$ 来表示,该式是博弈的值与参与人不合作情形下的效用之差的乘积。

然而,我们不得不指出的是,因为在"讨价还价问题"中假设了参与人可以某种方式合作来谋求共同利益,所以这里讨论的情形更具一般性。这里,存在只有一方或没有任何一方真正可以从合作中获利的情形。为了说明上述公理可以处理这一情形,我们需要一个运用了公理Ⅵ和Ⅶ的较复杂的论证。但是,这仅仅是一个比较次要的问题,我们不打算引入这一论证,因为与它的重要性相比,它显得太费力了。

公理Ⅵ和Ⅶ的主要作用是:它使我们能够将每一参与人都有一个非平凡策略(威胁)空间的博弈问题简化为我们刚才讨论过的情形,即每一参与人只有一个可能的威胁。假设将参与人1的策略限定为 t_{10}。在第一种方法讨论中它是威胁博弈的最佳威胁,则由公理Ⅵ,我们有

$$v_1(t_{10}, S_2, B) \leqslant v_1(S_1, S_2, B)$$

现在,我们利用公理Ⅶ将 S_2 限定为只包含单个策略(S_1 已经被限定),但不增加博弈对参与人1的值。设 S_2 中的这一单个策略为 t_2^*,则

$$v_1(t_{10}, t_2^*, B) \leqslant v_1(t_{10}, S_2, B)$$

现在我们知道,参与人只有一个威胁的博弈的值与本文第一节得到的相同。从而,我们可以知道,对应于威胁 t_{10} 没有比 t_{20} 更好的威胁使参与人2的处境更有利,也没有比 t_{20} 更好的威胁使参与人1的处境更不利(即对参与人2而言,t_{20} 是最优威胁)。所以,我们可以得到

$$v_1(t_{10}, t_{20}, B) \leqslant v_1(t_{10}, t_2^*, B)$$

将 3 个不等式相结合,我们得到

$$v_1(t_{10}, t_{20}, B) \leqslant v_1(S_1, S_2, B)$$

同样地,我们有

$$v_2(t_{10}, t_{20}, B) \leqslant v_2(S_1, S_2, B)$$

这样,由公理Ⅶ我们看到,最后两个不等式可以用等式代替,这是因为 $v_1(t_{10}, t_{20}, B)$, $v_2(t_{10}, t_{20}, B)$ 是 B 的右上边界上点的坐标。因而,由公理法得到的值与其他方法完全相同。

参考文献

[1] Kuhn H W. Tucker A W. eds. *Contributions to the Theory of Games*(*Annals of Mathematics Study* No. 24). Princeton:Princeton University Press,1950:201.

[2] John Nash. The Bargaining Problem. *Econometrica*. Vol. 18, April, 1950:155—162.

[3] John Nash. Non – cooperative Games. *Annals of Mathematics*. Vol. 54,September,1951:286—295.

[4] von Neumann J, Morgenstern O. *Theory of Games and Economic Behavior*. 2nd edition. Princeton: Princeton University Press, 1947:641.

6 双头垄断情况几种处理 方法的比较[①]

梅伯里、纳什、夏彼克
(J. P. Mayberry, J. F. Nash and M. Shubik)

为了得到并且比较双头垄断问题的数值解,本文从几个有关双头垄断的理论出发,对一个特定的双头垄断问题进行讨论。这样我们就可以从某种意义上比较在自由竞争和联盟情况下生产者的行为。

① 作者在此感谢 RAND 公司和 ONR(合同 N6 onr－27009 和 N6 onr－27011)的财力支持,并且感谢夏普利富有启发性的谈话。

6.1 引 言

在有关限制竞争以及涉及少数重要参与者的双边垄断、寡头垄断等问题的文献中对双头垄断问题进行了详细的讨论。现有的几种理论能够处理这些问题的某些方面。有关这方面理论的最新发展来自于博弈论方面的工作[6]。

本文的目的是采用一个有确定成本函数和需求函数进行竞争的两个企业的简化模型,并基于几种不同理论对企业的行为进行考察。为了使需求函数保持不变且更好地描绘市场行为,我们假定买者之间没有串谋。除了艾奇渥斯(Edgeworth)的"契约曲线"法外,在这里所讨论的每一种理论都给出了唯一确定的产量及两生产者所创造的利润[冯·诺依曼(Von Neumann)和摩根斯滕(Morgenstern)解除外]。6.7 节的图表示出了不同解对应的产量和利润,并且我们将以此来比较不同的刻画对企业行为产生的效果。

6.2 历史的回顾

古诺(A. Cournot)和伯川德(J. Bertrand)都给出了双头垄断问题的

解法,并且其结果都得出了确定的产量和价格,但他们的解法在本质上却是不同的。艾奇渥斯修正了伯川德的方法,他认为在双头垄断情况下价格应该是波动的。斯坦克尔伯格(Stackelberg)则提出了一种非常复杂的无差异曲线图法,由此,除了其他解之外他也得出了古诺解。

艾奇渥斯将无差异曲线法应用到双边垄断问题之中,从而得出了其著名的契约线。由于它没有说明单个垄断者所获得的利润,所以它不是古诺意义上的解。而是像冯·诺依曼和摩根斯滕的解一样,只是限制解的可能性而不是唯一地确定解的结果。

如果不考虑消费者的串谋,从博弈论的观点来看,双边垄断与双头垄断问题非常相似,都可以看作是二人非零和博弈[6]。这种博弈理论工具以及它的策略(特别是混合策略)的概念为我们提供了一种方法,该方法可以澄清以前对这些问题的处理方法的一些概念。

旧的方法主要基于"推测性行为"[2]的假定之上。例如,古诺解是在假定其竞争对手产量不变的条件下,每个生产者选择他们各自的产量而得出的。解就是指这样一种状态,在这种状态下每个生产者都不愿意单独改变其产量。这种假设的行为规则最大困难在于解的多重性;而且,一般而言,它们会导致生产者的短期行为。换句话来说,如果生产者 A 估计到生产者 B 会按假说选择策略,一般说来,他单独偏离这种规则是有利可图的。

6.3 本文讨论的解法

我们考虑下面几种解法:

(1)效率点解法;

(2)艾奇渥斯契约线法;

(3)古诺法;

(4)冯·诺依曼和摩根斯滕法;

(5)有转移支付的合作博弈的解法;

(6)没有转移支付的合作博弈的解法。

在所有解法中,都有一些一般性的假定,我们假定双头垄断者是试图最大化其效用的聪明人。这些效用从冯·诺依曼和摩根斯滕意义上说是可以度量的,即效用是由一个线性变换决定的。然而,个人的效用是不可比较的,说"1美元对 A 的效用比对 B 的效用大"一般来说是没有多少意义的。因为有必要假定货币对每一个企业的效用具有某种函数形式。所以我们作出最简单的假定:设两企业的效用函数均为线性形式。因为各企业以美元表示利润的函数形式很简单,并且它优于任何线性变换,所以我们直接以美元数量作为效用函数。

我们假定存在完全信息[1]且双头垄断企业生产相同的产品。由于我们的目的是用一个简化的例子阐明这些不同的解法,所以我们不考虑广告的作用,在理论上这并不会引起实际的变化;同时,我们寻找的是稳定的解,所以排除生产(从而价格)随时间变化的可能性。

6.4 现实情形的描绘

我们假定一个企业的成本仅仅依赖于它的产量。作为一个简单的

说明性的函数,我们取如下先降后升的函数作为企业的平均成本函数:

$$\gamma_1 = 4 - q_1 + q_1^2$$
$$\gamma_2 = 5 - q_2 + q_2^2$$

其中,q_1 和 q_2 分别是企业 1 和企业 2 在单位时间里所生产的产品数量。

因为假定双头垄断者生产相同的产品,所以我们完全可以取需求曲线(但这时把价格看成是产量的函数)为产品总量 $q = q_1 + q_2$ 的函数,而非单个产量 q_1 和 q_2 的函数。其函数形式为:

$$p = 10 - 2(q_1 + q_2) = 10 - 2q$$

其中,p 为当总产量为 $q_1 + q_2$ 时的价格。以上 3 个函数的图像分别如图 6.1、图 6.2 和图 6.3 所示。

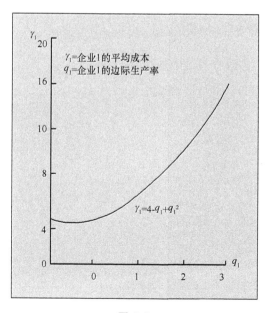

图 6.1

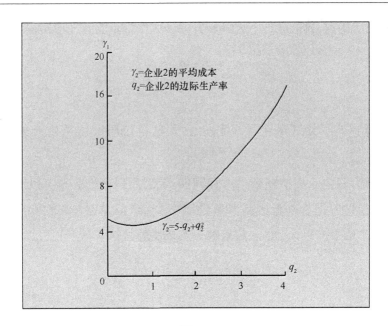

图 6.2

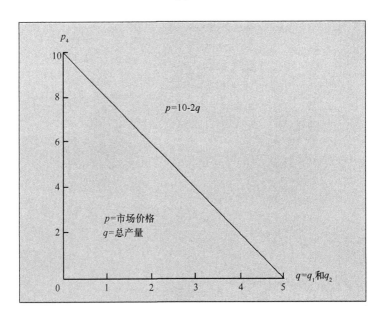

图 6.3

6.5 不同解法的描述

6.5.1 效率点解法

由于垄断者出于自利动机而行动,显然效率点的概念并非为应用于双头垄断问题而提出。事实上,由于效率点是一个整体经济的概念,而双头垄断只是经济的一个局部,因此不能直接应用此概念。

然而在没有集权管理时,可以创造一些产生有效率的生产的经营规则,这些规则[3]能指导生产者如何调整生产以适应变化的成本和价格。

因此通过假定生产者按照上述规则进行经营,我们至少可以定义一些类似的概念。这就给出了一个称之为利他的生产计划。

基本的效率规则[3]就是每个生产者在给定市场价格下选择利润最大的生产行为。因此,如果他们的边际成本小于市场价格,他们就会提高产量,直到二者相等。由此可得方程

$$\frac{\partial(q_i\gamma_i)}{\partial q_i} = p_i \qquad (i = 1,2)$$

6.5.2 艾奇渥斯契约线法

契约线表示两参与人的境况不可能同时得到改善的点。换言之,

在利润平面 (P_1, P_2) 上与之对应的点必定位于可达到利润对集合的右上边界 [注意到两企业的利润 P_1, P_2 可用显式表示为 $P_i = q_i(p - \gamma_i)$，$(i = 1, 2)$]。此例中，由于利润平面 (P_1, P_2) 中可达到利润集的边界在每一点均向右倾斜，艾奇渥斯契约线恰好是这一条边界。这条边界可由雅可比条件表示如下（参阅 6.6.6）：

$$\frac{\partial(P_1, P_2)}{\partial(q_1, q_2)} = 0$$

6.5.3　古诺解法

这种解法在其他地方[2]作过详细的讨论，在这里我们仅提一下其主要特征，即每个生产者在假定其他生产者产量不变的情况下选择自己的产量，其解可通过解下面方程得到：

$$\frac{\partial P_i}{\partial q_i} = 0 \qquad (i = 1, 2)$$

6.5.4　冯·诺依曼和摩根斯滕解法

双头垄断问题也可以表达为二人非零和博弈。由于篇幅的关系，我们在这里不予以讨论，读者可参阅《博弈论和经济行为》[6]。他们得到的解的经济意义是：两个合作企业为使联盟利润最大而联合行动共同占有市场①,然后他们通过转移支付进行利润分配。这种转移支付的数额(一般说来)是不确定的,但要受到在不考虑对手策略选择的情况下保证自己能得到的利润数量的限制[在计算最低利润水平时,每一个企业都假定对手是不考虑其(后者)行为后果的,其唯一目的是最小化前者的所得]。

产量将满足:

$$\frac{\partial}{\partial q_i} = (qp - q_1\gamma_1 - q_2\gamma_2) = 0 \qquad (i = 1,2)$$

6.5.5　有转移支付的合作博弈解法

在这里,最终的行为模式得到与冯·诺依曼和摩根斯滕解法一样的产量;不过这里的转移支付是由企业的潜在威胁唯一确定的。对每个企业来说,最优的威胁就是对对方威胁最大的产量。企业 1 的威胁产量就是使企业 2 能够得到的最大值($P_2 - P_1$)最小化的产量。一旦威胁是混合策略,那么这种解释就必须作进一步的阐述,但本例中最优的威胁策略是纯策略。

6.5.6　没有转移支付时合作博弈解法

如果生产者之间(也许由于法律方面的原因)不允许转移支付,一般说来合作博弈的解会得出不同的产量,并且不会最大化总的利润,

---

① 在更一般的情况下,两个企业都不需要一个关于货币的线性效用函数。冯·诺依曼和摩根斯滕的解的定义可能不合适,本文作者假定效用是可让渡的。

因为产量必须肩负起调节利润分配的所有责任。在第6.7节的有关图中,与非转移支付有关的点用 NSP 标出。

本文其中一个作者[5]在另一篇文章中,就如何分析博弈双方相互施加威胁的情形进行了说明。这一分析的结果给出了一个参与人在这种情况下的效用的解。这个理论对潜在威胁的分析比冯·诺依曼和摩根斯滕的分析结果更为完全,因为后者仅分析了威胁对被威胁方的影响;而前者考虑到了威胁对双方的影响。由于他们并不试图确定参与人在这种情形下的效用,而仅仅希望确定对他来说最好和最坏的结果,所以我们认为这种解释是正确的。

6.6　数值解的确定

6.6.1　效率点

效率点必满足下述条件:

$$\frac{\partial(q_1\gamma_1)}{\partial q_1} = \frac{\partial(q_2\gamma_2)}{\partial q_2} = p$$

由这些方程可得:

$$3q_1^2 + 2q_2 = 6$$

和

$$3q_2^2 + 2q_1 = 5$$

由此通过消元可得：

$$27q_2^4 - 90q_2^2 + 8q_2 + 51 = 0$$

该方程可由牛顿法解出。

6.6.2　艾奇渥斯契约线

由第6.5.2节的雅可比行列式表示的方程可得契约线方程为：

$$6q_1^3 + (9q_2^2 + 6q_2 - 11)q_1^2 + (6q_2^2 + 4q_2 - 22)q_1 +$$

$$(6q_2^3 - 14q_2^2 - 22q_2 + 30) = 0$$

其中一些点使得曲线转折。

6.6.3　古诺解

条件

$$\frac{\partial P_1}{\partial q_1} = \frac{\partial P_2}{\partial q_2} = 0$$

等价于

$$3q_1^2 + 2q_1 + 2q_2 - 6 =$$

$$3q_2^2 + 2q_2 + 2q_1 - 5 =$$

$$0$$

由此可得

$$27q_2^4 + 36q_2^3 - 90q_2^2 - 60q_2 + 71 = 0$$

同样可以由牛顿法求解。

6.6.4 冯·诺依曼和摩根斯滕解

由条件

$$0 = \frac{\partial}{\partial q_2}(P_1 + P_2) = \frac{\partial}{\partial q_2}(P_1 + P_2)$$

可得

$$3q_1^2 + 2q_1 + 4q_2 - 6 =$$
$$3q_2^2 + 2q_2 + 4q_1 - 5 =$$
$$0$$

通过消元法及逐次逼近法可以求解。

6.6.5 有转移支付时的合作博弈

最终产量与冯·诺依曼和摩根斯滕解一样,但在这里为了决定转移支付的数量,必须对威胁的产量进行估价。威胁产量满足条件:

$$\frac{\partial}{\partial q_1}(P_1 - P_2) =$$

$$\frac{\partial}{\partial q_2}(P_1 - P_2) =$$

$$0$$

它等价于

$$3q_1^2 + 2q_1 - 6 =$$

$$3q_2^2 + 2q_2 - 5 =$$

$$0$$

这些方程也可以由牛顿法解出。

6.6.6 没有转移支付时的合作博弈

如果解是纯策略,我们用下面的例子来概括求解的方法。

首先确定可达到效用对的集合。在本例中 P_1, P_2 表示效用,那么需要考虑的是平面 (P_1, P_2) 上的可达到效用集,特别是这个集合的右上界。在图 6.4 中,这个集合就是 ABCD 表示的区域。在边界上的点的产量 (q_1, q_2) 满足下述条件:

$$\begin{vmatrix} \dfrac{\partial P_1}{\partial q_1} & \dfrac{\partial P_2}{\partial q_1} \\[2ex] \dfrac{\partial P_1}{\partial q_2} & \dfrac{\partial P_2}{\partial q_2} \end{vmatrix} = 0 \tag{1}$$

在图 6.4 中,BCD 是平面 (P_1, P_2) 中可达到效用区域的相应边界,T 是威胁点,C 是最终选择点,FCG 与 BCD 相切于 C,TC 经过 C 点且其斜率是 FCG 斜率的相反数。T 点的坐标表示在威胁产量 q_1^T,q_2^T 下对应的利润。曲线 K_1 表示当 q_2 变化而 q_1 保持不变且等于 q_1^T 时所对应的利润对;曲线 K_2 表示当 q_1 变化而 q_2 保持不变且等于 q_2^T 时所对应的利润对。威胁点 T 和边界点 C 成为一个解的条件是:K_1 完全位于曲线 TC 的下面,且 K_2 完全位于曲线 TC 的上面。由于这些曲线可导,所以曲线 K_1,K_2 在 T 点必相切,从而使在威胁点上面的行列式值必为零。因此满足方程(1)的曲线有两个分支,T 在其中一支而 C 在另一支。

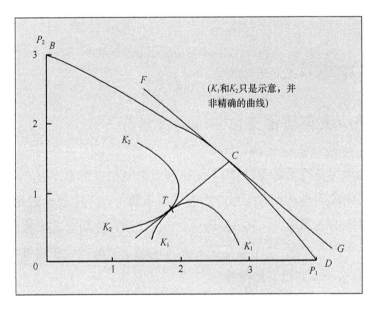

图 6.4 描绘 NSP 的图示

FCG 的斜率为:

$$\frac{\dfrac{\partial P_2}{\partial q_1}}{\dfrac{\partial P_1}{\partial q_1}} = \frac{\dfrac{\partial P_2}{\partial q_2}}{\dfrac{\partial P_1}{\partial q_2}}$$

而 TC 的斜率为

$$\frac{P_2^C - P_2^T}{P_1^C - P_1^T}$$

在 T 点曲线 K_1 和 K_2 的斜率必定与曲线 TC 的斜率相等,通过定义:

$$\frac{\dfrac{\partial P_2}{\partial q_i}}{\dfrac{\partial P_1}{\partial q_i}} = D_i$$

我们得到以下方程:

$$-D_1^C = -D_2^C = \frac{P_2^C - P_2^T}{P_1^C - P_1^T} = D_1^T = D_2^T$$

上面关于 4 个未知数 q_1^C, q_2^C, q_1^T 和 q_2^T 的 4 个方程可由逐次逼近的图像法解出。

6.7 数值结果

6.7.1 表格和条形图

表 6.1 给出了不同的数值结果。由于契约线无法确定 $q_1, q_2, P_1,$ P_2, q 和 p 中任何一个的值,因此艾奇渥斯解没有包括在这个表中。另外由冯·诺依曼和摩根斯滕解法所得到的解值(即 q_1, q_2 和 p)与存在转移支付的情形相应的值一样,所以也把它省略了。表 6.1 中所列 P_1, P_2 的值在有转移支付时是转移支付以后的利润,未被调整的值为:$P_1 = 3.1327, P_2 = 1.0664$,表 6.1 也列出了两个威胁点的产量、利润和价格。

表 6.1

类型	q_1	q_2	P_1	P_2	P_1+P_2	p
效率点解	1.1716	0.9411	1.8437	0.7812	2.6249	5.7747
古诺解	0.9386	0.7400	2.5346	1.3581	3.8927	6.6428
无转移支付解	0.7812	0.5817	2.6913	1.4644	4.1557	7.2742
NSP 威胁点	1.1708	0.9419	1.8436	0.7811	2.6247	5.8873
有转移支付解	0.9161	0.4125	2.6299	1.5692	4.1991	7.3428
有转移支付威胁解	1.1196	1.0000	1.8214	0.7607	2.5821	5.7607

条形图(图 6.5 至图 6.10)以图表的形式表示出表 6.1 中的大部分信息。在有转移支付时,转移支付的数量由阴影部分表示出。从企业 1 转移给企业 2 的支付是 0.5028。

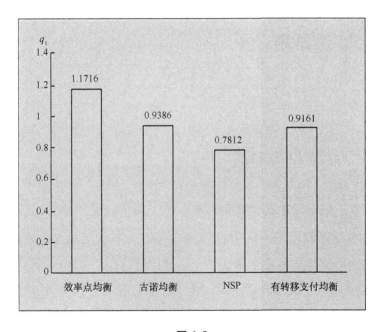

图 6.5

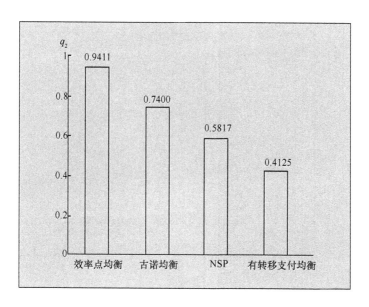

图 6.6

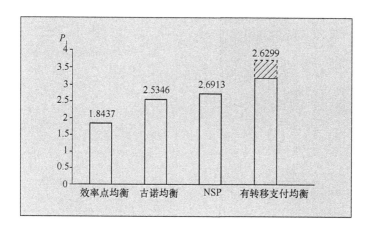

图 6.7

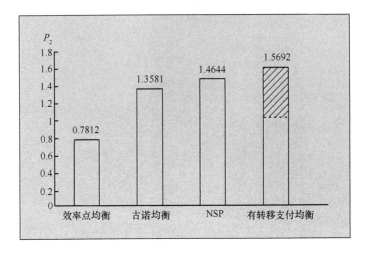

图 6.8

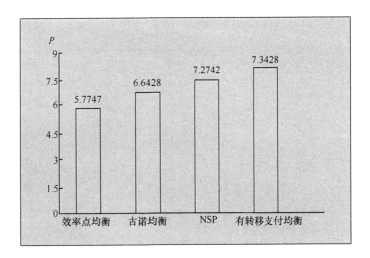

图 6.9

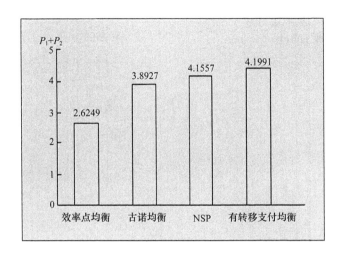

图 6.10

6.7.2　综合图

图 6.11 和图 6.12 中表示出本文大部分的数值解的结果。图 6.11 表示在不同条件下的产量,图 6.12 表示与两企业产量对应的利润。

图 6.11 和图 6.12 中有几个地方值得注意。图 6.11 中的"威胁曲线",正如预期的一样,完全位于"契约线"之外。点 E_1 和点 E_2 位于威胁曲线的端点,且对应的利润 P_1,P_2 均为正数[这两点在平面(P_1,P_2)的像用同样的字母表示]。

图 6.11 的尖点与大比例坐标图 6.12 的尖点相对应,并且在图 6.12中也画出来了。尽管效率点、NSP 威胁点以及有转移支付的威胁点与尖点非常接近,但这个尖点没有什么经济意义,或者通常与双头垄断模型没有什么关系。这种断言可以通过如下命题而得到证明:即尖点仅取决于从平面(q_1,q_2)到平面(P_1,P_2)的映射的局部性质,而不同的威胁点还依赖于平面(P_1,P_2)的边界曲线的性质,由此可知尖点

和威胁点可能独立变化。这也可以说明,我们只对与威胁曲线相切的行为感兴趣,而曲线在尖点附近的切线不是病态的。

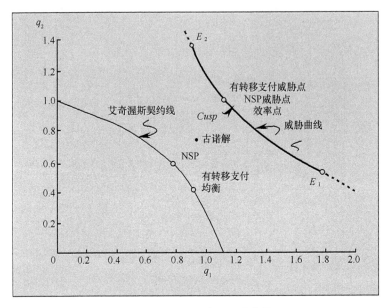

图 6.11　在不同情形下的产量

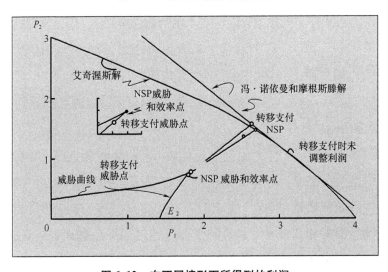

图 6.12　在不同情形下所得到的利润

从图6.11和图6.12我们也知道效率点位于威胁曲线上。这并非偶然,只要描绘这种情形的函数与本文假定的函数形式相同,就会得出这个结论。也就是说,只要γ_1仅依赖于q_1,γ_2仅依赖于q_2且p仅依赖于q,在效率点我们有

$$\frac{\partial}{\partial q_1}(\gamma_1 q_1) = \frac{\partial}{\partial q_2}(\gamma_2 q_2) = p$$

而满足下述条件的点位于威胁曲线上

$$\frac{\partial P_1}{\partial q_1}\frac{\partial P_2}{\partial q_2} = \frac{\partial P_1}{\partial q_2}\frac{\partial P_2}{\partial q_1}$$

但对效率点而言有

$$\frac{\partial P_1}{\partial q_1} = \frac{\partial}{\partial q_1}\big[q_1(p-\gamma_1)\big] =$$
$$p - q_1 p' - \frac{\partial(\gamma_1 q_1)}{\partial q_1} =$$
$$- q_1 p'$$

以及

$$\frac{\partial P_2}{\partial q_1} = \frac{\partial}{\partial q_1}\big[q_2(p-\gamma_2)\big] = q_2 p'$$

其中,p'表示p对q的导数。由于p对q_2求偏导可以得到类似的公式,所以效率点位于威胁曲线上的条件可变为

$$(-q_1 p')(-q_2 p') = (q_1 p')(q_2 p')$$

显然这是一个恒等式,所以不管函数γ_1,γ_2和p的形式如何,只要它们

可微,效率点必在威胁曲线上。

从对图 6.11 和图 6.12 的观察还可得出另一个事实,即 NSP 威胁点非常接近效率点。这一事实与尖点一样非常巧合,因为效率点仅依赖于映射的局部性质而 NSP 威胁点却依赖于边界线的整体形状。尽管这两个点即使在图 6.12 这样大比例坐标中也不能区别开来,但它们却不会重合。这一点可从 6.7.1 节的表中看出。

6.8 结论

在此简化的模型中,我们已经看到企业的联盟是怎样限制产量、提高价格及利润的。值得注意的是,当存在反转移支付的限制("法律")时,这些限制的效果仍然是非常明显的。因此,这些限制或法律看起来会自然地导致暗中串谋。古诺解表明,各竞争企业只力求达到一种既不实现社会产品最大化,也不实现社会利润最大化的均衡。因为如果生产者被迫在某些"效率点"进行生产,那么他就会给社会提供更多的援助,而通过联盟则能够获得更多的利润(甚至在实施反垄断法的社会里)。

在暗中串谋的情况下,我们可以观察到一种有趣的现象。正如预期到的一样,与有转移支付且允许公开串谋的情形相比,暗中串谋的产量更高且价格更低,暗中串谋时效率比较高的企业会得到比公开串谋时更多的利润。人们可能认为,任何有助于串谋的措施均可以使两个企业同时得到改善。下述例子可以证明这种观点是错误的:

假定合作时,A,B 两企业分别可得 10 000 美元、100 美元,不合作时它们什么也得不到。在不允许有转移支付时,很明显它们将合作且 B 会很高兴地从 A 中取得 100 美元作为合作的报酬。但是如果允许 有转移支付,B 很显然要求 A 从 10 000 美元中给出一部分作为合作的 报酬。因此当不允许转移支付时,A 的境况会更好。

这个例子仅仅是夸大了在双头垄断中所出现的情形。有效率的 生产者,即企业 1,内在地有比企业 2 创造更多利润的可能;然而,企业 2 也可能通过提高自己的产量而使企业 1 的利润显著地减少。因此, 在允许转移支付时,企业 2 可以敲诈对方付出转移支付,条件是自己 相应地限制产量。

本文所用的模型是非常简单的。如果把信息的不完全性、货币的 非线性效用以及允许每个生产者有更多的策略考虑进去,那么我们就 可以构建一个更复杂的模型,这将会是理想的。然而,令我们感兴趣 的是,即使在这样简单的示范性的模型里,也能对卡特尔行为的表面 现象的几个方面进行分析。这里,无效率的企业是作为敲诈者而出现 的,它能够造成的损失的本领使这种局面得以维持。

牵涉到很少数目的企业竞争的令人信服的经济学理论仍有待于 发展。对双头垄断问题的分析只是沿着这个方向前进的一步。我们 希望,随着博弈论工具应用于经济分析的发展,最后有望得出更为全 面的结论。

参考文献

[1] Brems, Hans. Some Notes on the Structure of the Duopoly Problem. *Nordisk Tidsskrift for Teknisk Økonomi*. Løbe Nr. 37, 1948(1 – 4): 41—74.

[2] Fellner, William. *Competition Among the Few*. New York: A. Knopf,

1949:328.

[3] Lange, Oscar. *On the Economic Theory of Socialism*. Minneapolis: The University of Minnesota Press, 1938:143.

[4] Lerner A P. *The Economics of Control*; *Principles of Welfare Economics*. New York: The Macmillan Company, 1944:428.

[5] Nash J F. Two Person Cooperative Games. *Econometrica*. Vol. 21, January, 1953:128—140.

[6] Von Neumann J, Morgenstern O. *The Theory of Games and Economic Behavior*. Chap. 3, Princeton: Princeton University Press, 1941.

7　*n* 人博弈的一些实验

卡利奇、米尔诺、纳什、奈林
（G. Kalisch，J. Milnor，J. Nash，E. Nering）

明尼苏达大学　　普林斯顿大学
麻省理工学院　　明尼苏达大学

7.1　引言

　　本文介绍了一系列实验,这些实验旨在对 n 人博弈理论中一些重要概念提供支持。我们研究的主要是合作博弈,特别是达成合作协议的步骤。因而,在这些博弈中,讨价还价、谈判和结成联盟的机制非常重要。这里的大部分实验性博弈在形式上与冯·诺依曼和摩根斯滕[4]所讨论的一样。对这类博弈,他们及其他人(参阅 7.2.6 及 7.3 和参考文献[1][2])已经定义了各种理论概念。我们的主要目的,就是将这些概念与实际博弈结果作一比较。

　　另外,可以看到,讨价还价的过程本身也很有意思。我们对实验中出现的这一过程进行了各种详尽的讨论,这仅仅是为了提供评价结果的背景,同时还希望以后的实验设计者能从中获益。特别有趣的是,我们看到,在进行这些博弈的过程中,性格差异在决定研究对象的成功标准方面起着非常重要的作用。我们的研究对象有四男四女,包括 5 个大学生、两位家庭主妇和一位教师。他们是一个相当聪明和富有合作精神的集体。当然,他们都了解博弈规则,并且能够分析他们的状况。但是正如人们可能预期的那样,并没有对他们进行过特殊的谈判训练。我们将一些筹码交给研究对象,用于博弈进行过程中的支付,在实验每进行两天后,我们将筹码换成货币。在第一天取得第三和第五位的参与人,最后分别上升到第一和第三位,其他人的相对位置没有变化。在观察者看来,结果很显然几乎完全归因于性格差异。从 7.2.3 的讨论中,我们也可以得到同样的结论。

这里的有些博弈具有某些特征,从而使得它们不同于冯·诺依曼和摩根斯滕所讨论的博弈[4]。其中一个实验包含一个不允许转移支付的博弈。在其他实验当中,我们将谈判程序规范化(例如,某个参与人不知道对手的身份,他可以通过一位裁判,以有限方式进行叫价、接受、拒绝或反叫价)。现在要构造一个理论去处理具有无限或大量可能性的谈判还相当困难,这就需要将谈判程序限制和严格规定在可以构建有效理论的范围内。实际上,这些实验仅仅是尝试性的,目的是验证正规谈判模型的可行性。

简言之,我们认为,这些实验的结果还是有价值的,它意味着沿着这一方向设计进一步的实验是可行的,而且它也将被证明对博弈论的进一步发展有价值。在 *n* 人博弈这一领域,经验研究很少。由于这一原因,而且由于博弈论的发展状况相对不太成熟,我们认为很有必要采用这种实验方法。

7.2 有转移支付的合作博弈

7.2.1 博弈的描述

我们的实验对象进行了 6 个常和博弈,它们都属于冯·诺依曼和摩根斯滕[4]所讨论过的那种类型(即准许转移支付的合作博弈)。其中的 4 个四人博弈每个进行了 8 次,1 个五人博弈进行了 3 次,1 个七人博弈进行了 2 次。我们只是给出特征函数对这些博弈加以介绍。

每进行完一次博弈轮换一次参与人,以防止形成长期联盟。也许介绍这些博弈的最好方法还是对交给实验对象的材料作一摘录。下面有具体的做法。我们注意到,博弈 1 和 4 在策略上是完全等价的,博弈 2 和博弈 3 也是如此。博弈 3 只不过是一个对称的四人博弈。五人博弈和七人博弈是从例子[4]中选取的。

给实验对象的导引如下。

(a)一般性导引。

在实验对象真正开始进行实验之前。我们给了他们大约一页打印纸的一般性导引。

首先,他们知道了实验的总的目的("用实验进一步加深对博弈的了解");我们还给他们解释了上面提到的轮换制度。其次,我们解释了结成联盟的可能性。如果某些参与人决定采取一致行动,并且决定好了成员如何分配共同赢利或损失,那么我们就说,一个联盟形成了。最后,在这部分介绍里,我们试图强调参与人在实验过程中可能表现出来的侵略性和自私的问题;我们告诉他们只需根据博弈的情况采取行动(他们的最终目标是最大化自己的赢利),而不需要考虑个人偏好或前一轮的结果。我们还告诉他们,在实验结束后,我们将根据他们在这些活动当中获得的总分(用实验过程中作为通用交易媒介的筹码表示)给予适当的货币奖励。

(b)专门性导引。

我们向参与人介绍了博弈的**特征函数**,它是决定博弈结束后给予存在的每一联盟的总支付的规则。另外,特征函数以图表形式(例如看图 7.1 的博弈 1)给予参与人。我们告诉所有参与人,他们的目标是达成"最终联盟协议"。这一协议确定了涉及的参与人以及联盟内部如何分配赢利或损失。然后他们要把这些最终联盟协议交给一位仲裁人,由他做记录,并读给他们听,以确定协议反映的是集体的意愿。

尤其在七人博弈的情况下,最后这一点是必要的。这类正式协议对参
与人有约束力(由仲裁人保证其效力),但是,之前的非正式和试探性
的讨价还价则不具约束力。除正式的"最终联盟协议"外,可以订立各
种完整的正式的和具有约束力的中间协议。在达成这类协议之前,也
可以有非正式的讨价还价,而且这类协议也要交给仲裁人作记录,并
保证条款的效力。

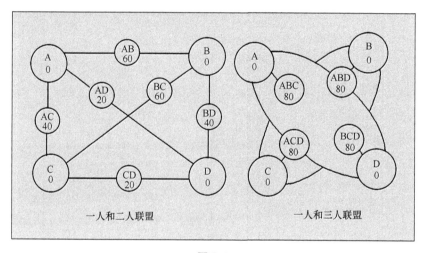

图 7.1

表 7.1(1)

联盟	博弈 1	博弈 2	博弈 3	博弈 4
A	0	−40	−20	−20
B	0	10	−20	−40
C	0	0	−20	−40
D	0	−50	−20	−20
AB	60	10	0	30
AC	40	0	0	0
AD	20	−50	0	−10
BC	60	50	0	10
BD	40	0	0	0
CD	20	−10	0	−30
ABC	80	50	20	20

续表

联盟	博弈1	博弈2	博弈3	博弈4
ABD	80	0	20	40
ACD	80	−10	20	40
BCD	80	40	20	20

表7.1(2)

联盟	博弈5	联盟	博弈5
A	−60	ABC	40
B	−30	ABD	10
C	−20	ABE	20
D	−50	ACD	20
E	−40	ACE	30
AB	10	ADE	0
AC	20	BCD	0
AD	−10	BCE	10
AE	0	BDE	−20
BC	0	CDE	−10
BD	−30	ABCD	40
BE	−20	ABCE	50
CD	−20	ABDE	20
CE	−10	ACDE	30
DE	−40	BCDE	60

表7.1(3)

博弈6	
同盟中参与 人的个数	同盟的 支付
1	−40
2	0
3	−20
4	20
5	0
6	40

注:表7.1中联盟由它们所包含的参与人的字母表示。表中所列数据表示各博弈中该联盟的特征函数值。博弈1~4是四人博弈;博弈5是五人博弈;博弈6是对称的七人博弈。

10 分钟之后,或者在不到 10 分钟的时候已经不存在结成进一步联盟的可能或意愿,这一轮就结束。参与人可以在联盟协议中规定给予局外人的支付(但是,这种情况从未发生过)。

7.2.2 一般性讨论

在联盟成员(特别是首批成员)中有平均分配的倾向。一旦联盟的核心形成,它就有某种安全感,并且会试图从联盟中后来的成员身上获取最大的份额。之所以存在这样一个倾向,看起来部分是因为他们会觉得形成一个联盟比争论协议的具体内容要更为迫切。

这一讨价还价的另一个特点是,参与人都倾向于只考虑具有较大正值的联盟,而忽视了这样的事实:一些参与人可以从共同利益为负值的联盟中获利(在博弈 2 中尤其明显,因为 B 和 C 总是在一起)。

很少结成超过两个人的联盟,除非是从小联盟发展起来的。联盟的进一步形成通常也只是在两个而不是更多个集体之间进行讨价还价。

这些倾向造成的结果是:最容易结成的联盟是具有最大值的两人联盟,即使这一联盟并不总为参与人带来最大净利;而且这一联盟通常实行平均分配。因此经常发生这样的情况:表面上初始赢利次高的参与人从讨价还价中获利最多。表面上初始赢利最高的参与人最有可能进入新联盟,但是他通常得不到联盟赢利的较大份额。

一开始,参与人更倾向于讨价还价和等待或征求别人的意见。在那些不对称的博弈中,一定程度上是这样。但是,过一段时间以后和在那些明显对称的博弈中,尽量避免被遗留在联盟外看起来成了基本的动机。因而,参与人很少讨价还价,他们有一种在裁判说“开始”后尽量快一点和争取马上达成某种协议的倾向,即使在那些策略上等价于对称博弈的博弈中,参与人也不会觉得这样做太草率。一个可能的原因是,有些参与人认为,不管他们是否加入联盟,他们都会比其他人要好;而其他人则认为,不管他们加不加入联盟;他们的情况都会变坏。看起来,他们没有注意到这样一个事实:联盟的净赢利对大家都是一样的。

值得一提的是,在博弈结束后的一次访谈中,一位实验对象说,他赞同处于最有利位置的参与人并不能达成最好的交易的事实。当他处于有利位置时,他觉得要求得到自己应得的对其他人来说似乎太不合理,以至于他不会加入联盟,而当他并不处于有利位置时,闭口不谈又是他的最优选择。

到处都找得到参与人性格差异的例子。参与人加入联盟的倾向看来跟健谈与否有很大关系。当联盟形成后,经常是最敢说敢为的成员控制联盟进一步的讨价还价。在许多情况下,敢说敢为即使在联盟的首次形成中都发挥着作用;而在仲裁人叫"开始"后,谁最先叫和叫的声最大对结果有一定影响。

看起来,在四人博弈中,参与人围坐在桌子旁的几何安排对结果并没有影响;但是在五人博弈,尤其是七人博弈中,这变得非常重要。因而,在五人博弈中,隔着桌子面对面坐着的两个参与人最有可能结成联盟;而在七人博弈中,所有的联盟都是在相邻的参与人或小组之间形成的。总的来说,随着参与人数量的上升,气氛变得更混乱、更嘈杂、更富竞争性,而实验对象并不喜欢这样的局面。七人博弈的进行只是联盟形成的扩张。

尽管在一般性导引中,我们主张参与人采取完全自利和竞争的态度,但是在实验中,他们经常采取一种相当合作的态度。当然,这在提高他们结成联盟的机会方面相当有用。非正式协议总是得到兑现。因此,很容易理解,即便两个参与人之间并没有明确的承诺,他们也经常会站在一起。两个参与人作出的承诺几乎全是结成联盟的协议,其中列明了赢利如何分配,倘若第三方有可能被吸收进来,支付就不列明。这就使第三方进入后可以进行讨价还价,但是这样的讨价还价从来没有过。实际上,在这些情况下,所谓消除差异原则,总是适用的。

在七人博弈中,其特征函数使有偶数个参与人的联盟比有奇数个参与人的联盟要更容易形成。由于所使用的讨价还价程序,这不可避免地使得一个参与人损失惨重。一些参与人觉得,不应该有人连续遭受输两次,所以要是多进行几次的话,很可能会发展起一种轮换制度(在之后的访谈中,也表明了这一点)。然而,赢利的联盟并不倾向于给予受损失者某种补偿。

接下去的讨论将基于这样一个假设:某个结果给参与人带来的效用(从冯·诺依曼和摩根斯滕[4]所讨论的意义上来看)直接与其赢得的筹码数成正比。当然,这与实际情况距离较远。比方说,很难防止实验对象区别对待赢利的博弈和损失的博弈。从而,赢得的筹码的效用图像可能就像图7.2所示。

要想判断这种现象重要与否相当困难。但是,我们可以看到,一些参与人具有凸的效用函数(这表明他们倾向于随机化),而另一些参与人又不喜欢随机化。例如,在最后一次进行博弈3的过程中,四个参与人是随机决定哪三个人结成联盟的。其中一个参与人曾强烈反对这一方法,原因是她觉得这对剩下的那个人不公平。然而,在结成三人联盟的威胁下,最后她还是妥协了。

7.2.3　与夏普利值(Shapley 值)[2]的相容性

在图7.3中,我们用平均观察结果与不同情形下的夏普利值作了比较。更详细的数据可以在表2至表7中找到。考虑到我们进行平均的博弈毕竟很少,观察值与夏普利值之间现在这样的拟合程度已经

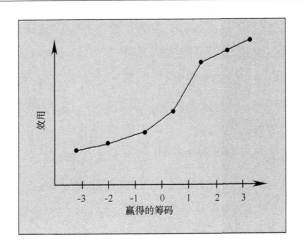

图 7.2

相当不错了。但是,与夏普利值相比,实际结果倾向于更极端。在博弈 1 中尤其明显。显而易见,这是因为支付大的联盟更容易形成。因而,夏普利值相对较高的参与人不仅得到了进入联盟后的高支付,同时还具有进入联盟的强烈倾向。在博弈 2 和五人博弈中,有两个参与人的夏普利值明显较高,第二高的参与人与最高者做得一样好(见7.2.2的讨论。)

7.2.4 与策略等价(Strategic Equivalence)[4]的相容性

如果我们作出与图 7.3 相似的图,表示这些博弈在通过策略等价变换成标准形式后的平均结果,那么我们也许可以看到在策略上等价的博弈(博弈 1 和 4,博弈 2 和 3)有着非常接近的结果;同时,这样的图还可以表示出这些博弈的对称性(博弈 1 中,A 和 C 是对称的;博弈 3 中,所有参与人都是对称的;博弈 5 中,B,C,D,E 是对称的)。实际结果与这些假设并不太吻合。7.2.2 的讨论暗示了几种造成偏差的可能原因,因而,特征函数值高的联盟最有可能形成,联盟成员间平均分配的倾向以及效用函数的非线性,所有这些事实都破坏策略等价这一概念。

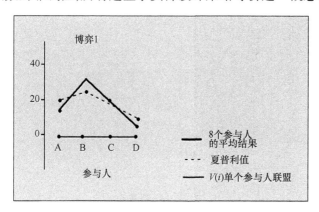

图 7.3(1)博弈 1

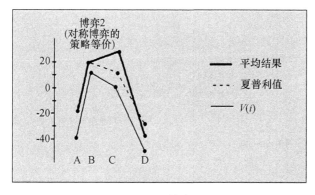

图 7.3(2)博弈 2

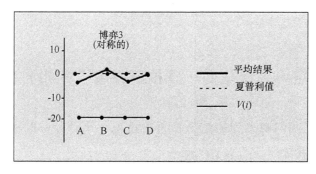

图 7.3(3)博弈 3

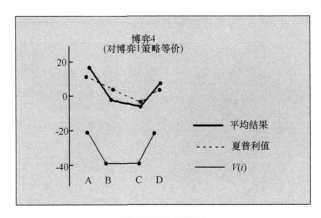

图 7.3(4) 博弈 4

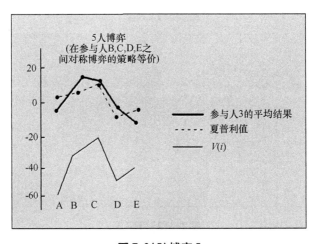

图 7.3(5) 博弈 5

7.2.5 与冯·诺依曼—摩根斯滕解[4]的相容性

要判断我们观察到的结果是否支持冯·诺依曼—摩根斯滕的理论,是一件极其困难的事情。部分是因为这一理论的主张并不十分明确。根据其中一个解释,"解"表示参与人的一个稳定的社会结构。为了充分验证这一理论,很可能需要在保持参与人不变的情况下不断重复进行博弈,直到出现的结果趋于稳定。然后,我们就可以看到,在这最终集合的结果当中彼此优于的程度和它们不优于其他可能转移的程度。

这使我们知道每一博弈的可观察结果彼此优于的程度。虽然这并不是验证这一理论的好方法,但是根据掌握的数据,我们能做的也只有这些。下面是每一个四人博弈的 8 个观察结果之间的主要的优于关系(用>表示)。因一个筹码的差别而出现的这样的优于关系未予考虑。

博弈 1：　　2,6,7>3

　　　　　　3,4,7>1

　　　　　　5>1,2,3,4,6,7,8

博弈 2：　　1>2,4；　3>1,7,8

　　　　　　4>3,5；　5>1,7

　　　　　　6>1,7；　7>1,2,4

　　　　　　8>1,2,6

博弈 3：　　3>1,5,7,8；　4>3

博弈 4：　　2,3,8>6

　　　　　　6>1；　3>2

因而,在博弈 2 中。优于关系太多而无法将这一结果集与某个解联系起来。在博弈 1 中,倒还有一些希望,因为结果 2,4,6,7 和 8 之间不存在优于关系。

博弈 3 的结果令人相当满意。结果 1,2,4,5,6,7 和 8 之间不存在优于关系,而且它们显然与这一博弈的一个熟知的解联系在一起:那就是,由$(10,10,0,-20)$及其排列以及$(0,0,0,0)$组成的解。另一个点 3,也属于一个熟知的解:由$(6\frac{2}{3},6\frac{2}{3},6\frac{2}{3},-20)$和$(6\frac{2}{3},6\frac{2}{3},-6\frac{2}{3},-6\frac{2}{3})$及它们的排列组成的解。这些结果或多或少可以用这一博弈的对称性来解释,所以很难判断它们重要与否。

在博弈 4 中,结果 1,3,4,5,7 和 8 之间不存在优于关系。若想验证这一结果的重要性,就需要试着把这一集合扩展到某个解。

在这一理论的另一解释中,解表示在某种讨价还价程序下,参与人考虑中的结果集。因而,这里的解针对的是一次博弈,而不是多次博弈。要判断参与人在特定时间究竟在考虑什么结果相当困难。我们实际观察到的是依次提出的叫价。每一个叫价经常都优于前一个叫价。然而,要从事实上否定这一解释,还需要对数据作更深入的研究。

下面给出了一个实例,在这个例子当中,上述解释看起来确实有些道理。在一次四人博弈中,形成了一个两人联盟,但是,联盟协议订立的方式却使得联盟不能扩张。这使剩下两个参与人面对一个纯粹的讨价还价情形。事实上,他们选择平均分配,而不是进行严峻的讨价还价。要是他们进行了讨价还价,那么得到的可能结果集就会形成夏普利配额型解(Shapley quotatype solution)[3]的一部分。

7.2.6 与"合理结果"(Reasonable Outcomes)的相容性

米尔诺的下述定义给参与人 i 或参与人集合 S 在某次 n 人博弈中应该得到的数目设定了几个界限。特别地,上界 $b(i)$ 和 $b(S)$ 的定义

如下:

$$b(i) = \underset{i \in S}{\mathrm{Max}}(v(S) - v(S - i))$$

$$b(S) = \underset{S' \supset S}{\mathrm{Max}}(v(S') - v(S' - S))$$

对这一定义的理论合理性的一个讨论由以下事实给出:我们不能期望参与人 i 从他从属的联盟中得到的赢利高于他的出现给联盟增加的赢利,也就是说,$v(S) - v(S - i)$ 就应该是他能要求的合理份额。由转移 $\alpha = \{\alpha_i\}$ $(\alpha_i \leqslant b(i))$ 组成的集合 B 是一个相当大的集合 —— 例如,在标准化后的基本零和三人博弈中,B 就等于所有转移的集合。可以证明,B 通常都包含夏普利值(见参考文献[2])和冯·诺依曼 —— 摩根斯滕意义上(见参考文献[4])的每一个解。在第 7.2.7 节中,我们对 $b(i)$ 和实际结果进行了比较。看起来,$b(i)$ 通常与实际结果一致,特别是在四人博弈当中(其中一个例子的偏差后来与一个实验对象在实验结束后说的一番话联系起来,他说他在推理中犯了一个错误)。在五人博弈中,结果不那么好 —— 一些参与人得到的比其"最大份额" $b(i)$ 要多,这一结果可能与这样一个事实有关:参与人只顾着结盟、平均分配支付,而没有真正研究其策略可能性。

对每一联盟的支付,还定义有下界 $l(S)$,其定义如下:

$$l(S) = \underset{S_1 \subset S}{\mathrm{Min}}(v(S_1) + v(S - S_1))$$

$$L = \text{所有转移 } \alpha = \{\alpha_i\} \left[\sum_{i \in S} \alpha_i \geqslant l(S) \right]$$

在常和博弈的情况下,不难看到 $l(S) = v(I) - b(I - S)$,这时 $l(S)$ 作为下界是比较合理的。在更强的假设下[即讨价还价的结果总是形成两个对立的联盟;为形成联盟 T,它必须将其支付 $v(T)$ 以某种方式在其成员之间进行分配,这种方式满足 T 的任意子集 T_1 都至少可得 $v(T_1)$,从而是"稳定"的],可以看到,每次博弈的结果都在 L 内;L 可能不包含冯·诺依曼—摩根斯滕解[4],而且 L 也不一定包含博弈的夏普利值[2]。第六个博弈(七人博弈)是这样一个例子,它包含一个冯·诺依曼—摩根斯滕解,使集合 S 的赢利小于 $l(S)$——这一博弈的配额解包含了诸如 $(-40,40,0,0,0,0,0)$ 的结果,使五人博弈的赢利为 -40,而所有五人集合的 $l(S)$ 为 -20。我们看到,五人集合 S 的实际最小结果有 11 次比 $l(S)$ 高得多,而有 1 次等于 $l(S)$。落入上面定义的限制范围内的结果(支付)就称为一个"合理的结果"。

7.2.7 数值资料

下面的表格中给出了这些博弈的实际结果。在某些参与人采取随机化行为的情况下,还给出了预期结果。博弈 1 是一个常和博弈,$v(I)=80$,其他的都是零和博弈(7.2.1 给出了特征函数)。

最后一列中列出的承诺只包括由仲裁人所掌握的正式协议。参与人还作出和保留了许多非正式的协议。$b(S)$ 和夏普利值根据上述 7.2.3 和 7.2.6 的内容算出。

表 7.2 博弈 1 的数据(与博弈 4 策略等价)

参与人集合 S	A	B	C	D	AB	AC	AD	BC	BD	CD	联盟或者所作出的承诺
支付轮次 1	0	32	24	24	32	24	24	56	56	48	CD,BCD
2	0	34	34	12	34	34	12	68	46	46	BC,BCD
3	10	30	30	10	40	40	20	60	40	40	BC,AD
4	10	35	35	0	45	45	10	70	35	35	BC,ABC
5	20	40	10	10	60	30	30	50	50	20	AB,CD
6	34	34	0	12	68	34	46	34	46	12	ABD
7	15	35	30	0	50	45	15	65	35	30	BC,ABC
8	35.5	35.5	0	9	71	35.5	44.5	35.5	44.5	9	AB,ABD

参与人集合S	A	B	C	D	AB	AC	AD	BC	BD	CD	联盟或者所作出的承诺
平均支付	15.6	34.4	20.3	9.6	50	35.9	25.2	54.8	44.1	30.0	
$b(i)$	60	60	60	40							
夏普利值	20	26.7	20	13.3	46.7	40	33.3	46.7	40	33.3	
S作为联盟一部分的次数	6	8	6	6	5	2	3	5	4	3	

表7.3　博弈2的数据(与对称博弈策略等价)

参与人集合S	A	B	C	D	AB	AC	AD	BC	BD	CD	联盟或者所作出的承诺
支付轮次1	-4	20	30	-46	16	26	-50	50	-26	-16	AD,BC
2	-2	26	26	-50	24	24	-52	52	-24	-24	BC,ABC
3	-25	25	25	-25	0	0	-50	50	0	0	AD,BC
4	-20	35	35	-50	15	15	-80	70	-15	-15	ABC
5	-23	25	25	-27	2	2	-50	50	-2	-2	BC,AD
6	-18	25	25	-32	7	7	-50	50	-7	-7	BC,AD
7	-40	42	41	-43	2	1	-83	83	-1	-2	BCD
8	-40	34	34	-28	-6	-6	-68	68	6	6	BC,BCD
平均支付	-21.5	29.0	30.1	-37.6	7.5	8.6	-59.1	59.1	-8.6	-7.5	
$b(i)$	0	50	40	-10							
夏普利值	-20	30	20	-30	10	0	-50	50	0	-10	
S作为联盟一部分的次数	6	8	8	6	2	2	4	8	2		

表7.4　博弈3的数据(对称博弈)

参与人集合S	A	B	C	D	AB	AC	AD	BC	BD	CD	联盟或者所作出的承诺
支付轮次1	0	0	0	0	0	0	0	0	0	0	AB,CD
2	-20	1	9	10	-19		-10	10	11	19	CD,BCD
3	7	6	7	-20	13	14	-13	13	-14	-13	ABC
4	10	9	-20	1	19		11	-11	10	-19	AB,ABD

参与人集合S	A	B	C	D	AB	AC	AD	BC	BD	CD	联盟或者所作出的承诺
5	0	0	0	0	0	0	0	0	0	0	AC,BD
6	-20	9	2	9	-11		-11	11	18	11	BD,BCD
7	0	0	0	0	0	0	0	0	0	0	CD,AB
8	0	0	0	0	0	0	0	0	0	0	ABCD
平均支付	-2.9	3.1	-0.2	0	0.2	-3.1	-2.9	2.9	3.1	-0.2	
$b(i)$	20	20	20	20							
夏普利值	0	0	0	0	0	0	0	0	0	0	
S作为联盟一部分的次数	6	8	7	7	5	3	2	4	5	5	

表7.5 博弈4的数据(与博弈1策略等价)

参与人集合S	A	B	C	D	AB	AC	AD	BC	BD	CD	联盟或者所作出的承诺
支付轮次1	25	-40	-10	25	-15	15	50	-50	-15	15	ACD
2	-20	10	10	0	-10	-10	-20	20	10	10	BC,BCD
3	15	-40	15	10	-25	30	25	-25	-30	25	AC,ACD
4	25	25	-40	-10	50	-15	15	-15	15	-50	AB,ABD
5	24	24	-40	-8	48	-16	16	-16	16	-48	AB,ABD
6	-5	5	5	-5	0	0	-10	10	0	0	BC,AD
7	25	25	-40	-10	50	-15	15	-15	15	-50	AB,ABD
8	15	-40	10	15	-25	25	30	-30	-25	25	ACD
平均支付	13.0	-3.9	-11.2	2.1	9.1	1.7	15.1	-15.1	-1.7	-9.1	
$b(i)$	70	50	50	40							
夏普利值	10	0	-10	0	10	0	10	-10	0	-10	
S作为联盟一部分的次数	7	5	5	8	3	3	7	2	4	4	

表 7.6　五人博弈数据(与 B,C,D,E 对称的博弈策略等价)

参与人 i	A	B	C	D	E	联盟或者所作出的承诺
支付轮次 1	10	10	10	10	− 40	BC,AD,ABCD
2	23	23	23	− 60	− 19	ABC,ABCE
3	− 60	20	20	10	10	BC,BCD,BCDE
平均支付	− 9.0	17.7	17.7	− 10	− 16.3	
b(i)	40	20	30	0	10	
夏普利值	0	5	15	− 15	− 5	
i 作为联盟一部分的次数	2	3	3	2	2	

表 7.7　七人博弈的数据(对称的)

参与人 i	A	B	C	D	E	F	G	联盟或者所作出的承诺
支付轮次 1	− 40	6	6	7	7	7	7	BC,DE,FG,DEFG;BCDEFG
2	− 26	5	5	5	5	3	33	CEE,DB,FG,BCDE;AFG

7.3　谈判模型的实验性工作

谈判模型是一个基于严格的正规谈判程序的非合作博弈[1],而这些程序是用于合作博弈的。原则上,这样的模型可以用均衡点理论[3]将之视为非合作博弈来加以研究和分析,并且这样得到的解就可以视为潜在合作博弈的一个可能解。本文所介绍的这些实验的一个目的,就是获取这一模型的可行性信息。

实际上,我们使用的"谈判模型"一词的含义远比上述要广。作为非合作博弈,这一模型也许并没有一个真正令人满意的非合作博弈的解。它也许只是一个中间模型,要得到一个非常满意的理论上的解,还必须进一步加以调整(也许加入前面的承诺步骤)。如果实验对象真的进行这一博弈,那么也许就会出现一些这样的调整。进行实验的另一个可能的目的也许是为了观察同一批参与人反复进行同一博弈的结果。这样,这一谈判博弈变得更具合作性,因为可以从前面的博弈传递和获取信息;惯例也得以形成;参与人可以令其他人相信,在以后的博弈中他们将继续以某种方式采取行动(比方说,一直采用某个策略)。

我们对一个三人模型和一个四人模型进行了实验。在两种情形下,参与人之间的交流都被严格地加以规范,并且只能通过仲裁人进行。

在三人博弈中,参与人被蒙住了眼睛,只能通过手势向仲裁人示意他们的行动。在四人博弈中,每一个参与人都坐在其他人(他们的身份他是不知道的)看不到的地方,他将自己的行动写在纸上。

三人博弈的规则如下:

第一步:参与人 A 要么(1)等待;要么(2)提出一个叫价与参与人 B 或 C 的一个结成联盟;这一叫价要列明 A 想得到的在将来联盟赢利中的份额 d_A(d_A,……必须是整数)。参与人 B 和 C 也进行同样的第一步——而且三个人要同时和独立地完成自己的选择。

若两个参与人(比如 A 和 B)彼此提出了叫价,且 $d_A + d_B \leq 15$,则博弈结束,并且支付如下:A 得到 d_A,B 得到 d_B,C 得到 $-(d_A + d_B)$。若 $d_A + d_B > 15$,三个人都得到 0。

若形成了一个联盟,这次博弈结束,三个参与人都得 0。

若某个参与人(比如说 A)第一步选择"等待",且另一参与人向他提出了一个联盟叫价,则他就进行第二步,他要么接受,要么拒绝。两种情况下,这一次博弈都结束。第一种情况下(如果 A 接受 B 的叫价)的支付是:A 得到 $15 - d_B$,B 得到 d_B,C 得到 -15。第二种情况下,三个参与人都得 0。

我们已经在理论上对这一博弈进行了分析。现在我们将标准化的做法加以改变,使得联盟得到 +1,而外面的人得到 0。提出的要求可以是 0 到 1 之间的任意实数,而且如果没有形成联盟的话,三人的支付分别为 1/3,1/3,1/3。如果我们对上述博弈作一改变,不允许要求大于 1/2,那么新的博弈就会有一个对称的均衡点,此时,每个参与人以 0.544 和 0.456 的概率提出叫价,要价分布于 0.415 和 0.500 之间,平均要求为 0.455。

我们观察到的参与人的行为与这一策略相当的接近;58% 的要求落在理论范围内。等待策略在某种程度上被忽视了,只出现了 33%,而不是理论上的 41%。如果不对要求加以限制的话,这一博弈在理论上的策略不一定能达到均衡,因为要求 $2/3 - \varepsilon$ 将是一个预期支付为 0.34 的策略,它比预期要求的下限 1/3 要稍大些。当然,在实验实际进行过程中,这么高的要求对参与人是不利的;等待策略也没有被充分利用。

这一博弈真正的非反常(non - pathological)均衡点,与由一个参与人叫价另一个接受而形成联盟的博弈看起来是一样的。此时,叫价的概率只有 42%,而且要求落在 0.53 和 2/3 之间,分布的权重主要在下界。这一分布与前面介绍的分布完全不重叠。

我们将前面实验中用于讨论自由讨价还价的两个合作博弈(即博弈 3 和 4)的谈判标准化,就得到了这里的四人博弈。在每一阶段,参与人也都是同时和独立作决策,并且在每一步后可以获得其他人选择的信息。这里有两种行动:一种是参与人可以进行叫价;另一种是在前一步选择了"等待"的参与人可以选择接受或拒绝其他人在前一步提出的叫价。下面我们给出这一博弈的例子来对此进行更详尽的描述。

例子

（基于博弈4）

参与人	A	B	C	D
建议	ABC	AB	AC	DC
	6	6	0	0

这是第一步。这里每一个参与人都提出了一个建议。参与人下面的数字表示他的要求,字母表示建议结成的联盟。没有一个潜在的联盟具有这样的特征:所有成员要么提到它,要么选择了等待。如果某个联盟的成员都提到了它,并且提出的要求相容,那么这个联盟在这第一步就已经形成了。一旦形成,联盟就将是永久性的,但可以扩大。

参与人	A	B	C	D
建议	等待	ABD	ABC	DC
		6	6	0

这是第二步。因为第一步没有形成任何联盟,所以第二步重新进行博弈,只是拥有第一步的信息。仍然没有形成任何联盟。

参与人	A	B	C	D
建议	等待	ABD	等待	等待
		6		

第三步使得 ABD 有可能形成联盟,博弈中加入了一个接受步。在接受步中,相关参与人,即本例中的 A 和 D,可以选择拒绝或接受建议。接受必须与某一支付要求相联系,这也是接受的条件。

接受步:

参与人	A	B	C	D
建议	ABD	不行动	不行动	ABD
	6			7

现在,A 和 D 作出了接受的建议。因为 ABD 联盟可用的支付是 20,而参与人只要求了 6 + 6 + 7 = 19,所以,联盟 ABD 形成。从而博弈结束(因为我们讨论的是零和博弈,我们就将四人联盟排除在外)。A,B 和 D 分别得到他们的要求:6,6,7。C 得到 – 19,从而使之成为零和博弈。

这部分实验的数据不多,但仍可以看到该模型是可行的。随着参与人学会了比一开始好的策略,每一次博弈的步数就会下降。实验结束后,实验对象们说,他们最喜欢这部分实验,因为它没有令人讨厌的面对面的讨价还价。

因而,对谈判模型进行进一步的实验完全是有益的。

7.4 奸细博弈

"奸细博弈"(the"stooge game")是一个有(整数值)转移支付的三人零和博弈。每次博弈按照下述方式进行。在 4 分钟之后,或当参与人告诉观察者已经达成协议(不管哪一个在先),就形成了如下支付:如果没有结成联盟,每一个参与人都得 0;如果联盟形成了(联盟的形成包括任何分配赢利的协议),它就从剩下的那个参与人那里得到 10 个筹码。联盟可以给予单个参与人一定的支付(然而,这种情况从来没发生过)。一共进行了 3 轮,每轮进行了 5 次。奸细将依照指示在多数情况下向另外两个人中的一个提出 7 - 3 分配的叫价,自己得 3,另一参与人得 7。

在第一轮中,由于博弈进行得非常快,而且在几分钟甚至更短时间内就已经结束,所以奸细的作用没能发挥。在第二轮中,奸细每次都成功地得到 7 - 3 分配。而在第三轮中,参与人"醒悟过来",奸细提出的 7 - 3 分配只成功了两次(在另两个参与人之间出现过一次)。

尽管实验对象们曾偶然提到,他们想进行非竞争性博弈,但是奸细的行为引起了竞争的气氛,博弈过程中一直充满尖锐和激烈的讨价还价。这里可以看到两个倾向:一个是第一次联盟通常会很长久;一个是试探性联盟几乎马上就可以形成。总的来说,博弈进行得非常迅速。

这一实验的一个目的就是,我们想知道奸细能否给博弈带来竞争气氛——结果正如预料的一样,这是可能的。另一个目的是,我们想知道能否形成三人博弈的冯·诺依曼—摩根斯滕歧视解。这一实验完全没有得到歧视解。

7.5　无转移支付的三人合作博弈

为了得到关于无转移支付博弈的适当理论的一些想法,我们进行了以下三人博弈。每一参与人有两张扑克牌,每一张代表他的一个对手。参与人通过将其中一张牌面朝下放在桌上来完成行动,这样就表示他"投票"支持其中一个对手。如果某个参与人得到两张选票,那他就得到 40 个筹码,另两个人各自被罚 20 个筹码。如果每一个参与人都只得到一张选票,那就不存在筹码的转移。在博弈实际进行之前,进行了一段时间的讨价还价,在这段时间里,参与人可以进行任何他们希望的交易或承诺,只是受两个限制:①不能有转移支付;②交易或承诺只对提到的单次博弈有效。实验共进行了 3 轮,每轮 4 次,且每轮的参与人都是不一样的。

这一实验的结果相当糟糕。参与人都不愿意进行竞争性博弈。3轮中有两轮参与人使其预期相等,要么通过随机化进行,要么通过在 3次博弈中轮流输赢,从而违反了上述第二条规定。在剩下的一轮中,一些博弈仍然是随机进行的,但有了诸如"如果你选我,我就选你"的试探性交易和诸如"除非你选我,我一定会选他"的威胁。当然,在这一博弈中进行讨价还价是非常困难的,但我们曾希望得到比较肯定的结果。

对将来进行的此类实验,我们提出以下一些建议。最好进行非对称博弈,从而使得没有明显公平的办法去仲裁博弈和避免竞争。不应将相同的参与人反复放在一块儿,因为他们很可能将一轮博弈视为一个较复杂博弈的一次博弈。应该通过适当的、更彻底的灌输或其他方法来鼓励竞争态度,也许适当使用奸细可以引入更具竞争性的行为模式(见"奸细博弈")。

参考文献

[1] Nash J F. Non-cooperative Games. *Annals of Mathematics*, 1951, (2), 54:286—295.

[2] Shapley L S. A Value for n-Person Games. *Contrbutions to the Theory of Games*, Ⅱ, Princeton, 1953:307—318.

［3］Shapley L S. Quota Solutions of *n*-Person Gamed. *ibid*,343—360.

［4］ John von Neumann, Morgenstern Oscar. *Theory of Games and Economic Behavior*. Princeton,1944.

名词中英文索引

例子

二人合作易货博弈的例子	example with barter 9 ~ 10
二人合作博弈的正式表达	formal representation of game 57 ~ 58
二人合作博弈的正式谈判模型	formal negotiation model 58 ~ 67
二人合作要价博弈	demand game 60 ~ 64,66,69
二人合作威胁博弈	threat game 65 ~ 67

F

反证法	Contradiction analysis 47,49
防范措施	Sandbagging 26 ~ 27
冯·诺依曼	Von Neumann,John 2,14,29,31, 34,50,56,58,74,76,80,81,82, 87,92,98,99,105,108 ~ 110,120
副值	Associated values 43

G

个人的效用理论,也可参阅个人效用函数	Utility theory of individual 3 ~ 4. see utility functions,individual
个人效用函数	Utility functions,individual 4
二人博弈的个人效用函数	in two – person games 4 ~ 10, 57 ~ 64,68
双头垄断	duopoly 73,74
个人所赢筹码的效用函数	against chips won 104 ~ 105
个人效用函数只限于线性变换的决定	determinacy up to linear transformation 58,68,76,107

约翰·纳什主要作品年表

1950   1. The Bargaining Problem. *Econometrica*. 1950. 18:155—162.

2. Equilibrium Points in *n*-Person Games. Proccedings of the National academy of Sciences of the USA. Vol 36. 1950. 48,49.

1951   3. Noncooperative games. *Annals of Mathematics*. 1951,54:286—295.

1954   4. Two-Person cooperative games. *Econometrica*. 1953,21:286—295.

1988   5. Nash Equilibrium. In:Eatwell(John) and others ed. The New Pulgrave:A Dictionary of Economics. Vol 3. London Macmillan, 1988:584—588.

附录

纳什访谈录 1

　　本访谈录来自德国林道 2004 年 9 月 1 日至 4 日举行的诺贝尔奖获奖者大会的访谈。采访记者为自由记者玛丽卡·格里希尔(Marika Griehsel)。详见:http://www.nobelprize.org/nobel_prizes/economic-sciences/laureates/1994/nash-interview-transcript.html。

　　记者:欢迎您,约翰·纳什教授,能采访您我感到非常荣幸。

　　约翰·纳什:谢谢你。

记者:自从您获得诺贝尔奖后,10 年已经过去了,获奖对您的学术研究和私人生活都有哪些影响呢?

约翰·纳什:是的,我获奖将近十年了。获奖对我的生活产生了极大的影响,并且这种影响与大多数获奖者相比要大得多,因为我的情况很特殊。我当时已经失业了,虽然身体还不错,但已经 66 岁了,并开始领取社会保障金,但保障金并不多,因为之前已失业多年。获奖使我早期的工作得到了认可并对我产生了很大的影响。我之前也广为人知,但在某种意义上,我并没有被正式地认可。我的著作在经济学、数学等领域被非常频繁地引用,但这和官方认可完全不同。获奖改变了我的生活。

记者:您对 1994 年获奖那年的事情有什么特别的记忆吗? 有什么特别之处愿意和我们分享吗?

约翰·纳什:我有很多的回忆,但不知道该说些什么。12 月的斯德哥尔摩非常特别,白天变得非常短暂。我在那度过了圣露西亚节,那是个提前庆祝白昼来临的节日。事实上,节日比真正的日子早 10 天。但当时下午 3 点天就开始变暗了,那是我第一次看到与低纬度相比如此不同的情景。

记者:在您的演讲中,也许在传记中,您说道虽然自己已经 66 岁了,但日后会在学术上取得更大的成就。但考虑到您现在的主要时间都被讲座和旅行占据,并成了一个名人,您觉得还有机会取得那种成就吗?

约翰·纳什:我的好多时间都是这样被占用了,但我也在其他意义层面上取得了进展。当然,还没有完成多少工作。我发表了一篇关于理想货币的论文,并希望另外写一篇文章扩展这个论文的思想。我真的觉得我发现了——当然这很难描述它——货币在过去很多领域都在恶化,并带来了很多问题。就像你知道的,意大利开始是使用里拉,猛然间现在他们使用欧元。所以对意大利人来说,他们革命性地完成了从不好的货币向相对较好的货币的转变。但世界其他地方的情况又如何呢?

记者:即使是美元现在也遇到了许多问题。

约翰·纳什:是的。美元已经不是过去的美元了。美元原来是金本位货币,在过去的一个世纪发挥着非常好的作用——我是指19世纪。

记者:我认为您谈论这个话题非常有趣。您为什么说货币在产生某种变化呢?

约翰·纳什:哦,这非常复杂。我认为我们到达了深水区。我不想和蒙代尔(Mundell)教授在这个方面进行争论。我会去听他的讲座,向他学习。

记者:真是个吸引人的话题。

约翰·纳什:是的。我还有其他领域的研究成果并计划发表,而且我的工作和博弈论以及一个项目有关……还有其他领域的研究,我也不知道自己能活多长,能做多少工作,但至少我的态度是积极的。

记者:过去的几年中,我和其他诺贝尔奖获奖者也进行过访谈,许多人起初对他们最后深入研究的学科并不感兴趣,我想当您还是一个孩子的时候,是什么情况呢?您对数学感兴趣吗?您认为您在这方面有天赋吗?

约翰·纳什:我小时候就对数学和科学特别感兴趣,尤其是在上小学的时候,其他学生把时间花在做其他各种各样的事情上,而我就喜欢做数学题。我确实在少年时期就爱好数学,就像莫扎特对音乐的早期爱好一样——不同的是,他的父亲就是音乐家。

记者:您的天赋在当时被认可吗?

约翰·纳什:可以说被认可了。我父母意识到我智力上的超常禀赋,当然事情也在不断发展。我所在的学校并没有为特殊儿童设计的教育体系,所以我基本上按部就班地进行学习,然后到了城里。

记者:您认为为这些有着特殊才智的儿童建立专门的学校对他们来说会更好吗?

约翰·纳什:教育是一个复杂的问题。我对此没有什么发言权。我想,大城市和小地方有不同的问题,因此必须在不同的区域有不同的教育系统。学生们最终可以达到他们可能达到的水平,并且有时如果他们太早地达到了那种水平,他们可能未必最终有一个好的归宿。所以我真的不知道特殊教育是否如此重要。当然相比其他国家,比如欧洲或日本,美国的教育体系在很多方面非常低效,但它最终使得一些人可以在不寻常的事业和科学领域中达到其可能达到的境界,即使在较早的阶段他们未得到这种机会。

记者:这种安排对其中一些人来说会是一种时间上的浪费吗?

约翰·纳什:是的,确实是这样。这就如同保姆一样……好比说你本应该上小学,却只能待在幼儿园里。

记者:您获奖的成果是在您很年轻的时候做出的。当您做出这些突破时,您是怎么看待这些问题的。简单地说,您是如何认识自己当年的发现的?

约翰·纳什：关于所谓的纳什均衡，也就是研究的主题，实际上有一些特殊的情况。我当时是普林斯顿大学的学生，冯·诺依曼和摩根斯滕居住在普林斯顿，他们写了一部叫《博弈论和经济行为》的著作。这部著作又借鉴了早期的一些著作，包括法国的埃米尔·博雷尔（Emile Borel）和更早的皮埃尔·德·费马（Pierre de Fermat）以及帕斯卡尔（Pascal）等人的成果。这些人都研究概率问题。我有幸与冯·诺依曼和摩根斯滕以不同的程序来描述事物的不同发展，并将它们写作出来。我采用了很多他们的想法、战略概念和应用；但这些都是从博雷尔的早期研究演变而来的。由此，我发展出了这个开始被称为"N人博弈的均衡点"的理论，并在最后写出了名为《非合作博弈》的论文。

所以我非常幸运，当时碰巧在那里学习。在普林斯顿大学，当时有一个有关冯·诺依曼和摩根斯滕的学术研究会。在这里，一切研究汇聚在一起，并有一些和经济学有关的其他研究也汇聚进来。还有就是所谓的讨价还价的问题，这是个重要的研究，但它没有作为我获得诺贝尔奖的原因，因为我是与豪尔绍尼和泽尔腾一起获奖的，而他们的工作大多和均衡概念有关，并且每个人都认为豪尔绍尼进行了讨价还价合作博弈的研究，泽尔腾对实验博弈进行了研究。在这次会议上，他们也会就这些问题进行讨论。

记者：您当时认识到您的发现有多重要吗？

约翰·纳什：我知道我当时得出了一个重要成果，并且值得出版。这个发现是建立在冯·诺依曼和摩根斯滕的零和博弈基础之上的，当然冯·诺依曼是最早对这个问题进行研究的人。但是当时没人知道从这些理论中能得出什么东西，未来会如何，当然更不会期望获诺贝尔奖。然后，1968年，你们创设了这个奖项（诺贝尔经济学奖——译注），所以这完全是个历史上的运气问题。

记者：对于今天的年轻学生，如果他们对经济学感兴趣，哪个领域是他们应当关注的呢？

约翰·纳什：关于经济学的特定子领域，我知道的并不多。在我看来，博弈论在经济学中的应用非常广阔。一般来说，应该更多地学习并应用数学，因为当今的经济学研究中，使用更多的数学方法会得到更多的认可和尊重。这是趋势。

在思维上，我不是一个专业的经济学家。对于经济学和经济观念，我更有点像一个局外人。当然冯·诺依曼并不是一位经济学家，摩根斯滕是一位经济学家，但他们合作出版了那本书。除此之外，经济学还有很多发展趋势。现在经济学界流行的东西以及认可的一般观念可能会与20年后截然不同。有人如果要研究事业选择，那么他们应该准备好应对变化的形势。我认为他们应当有很好的基础，而不一定热衷于当前的时尚或者大众舆论或民意。也许，应该从事在今后很长时间都有用的事业，亦即：具有无可置疑的科学价值。

记者：目前您特别关心哪个问题？比如，第一世界和第三世界的差别。如果我们看看政治问题，比如，美国的财政赤字及其原因……对于您关心的问题，作为一个科学家有什么想法吗？

约翰·纳什：你提到一些不同的题目，第一世界、第三世界以及第二世界发生的问题，美国财政赤字，这些都是不同的话题。

记者：确实，它们跨度很大。

约翰·纳什：我认为这些问题需要不同的专家去解决。

记者：您有什么特别关注的问题吗？

约翰·纳什：嗯，这些都是大家喜欢讨论的问题。但你可能会发现,虽然人们在谈论,但可能会持有不同的意见。对这些问题,有一些被大家最广为接受的观点,但也有一些更科学的或更微妙的意见。一般来说,因为有富人和穷人,所以应做些事情来改变这种状况。但在历史上一直存在富人和穷人。实际上,穷人不穷我们有时仍然叫他们穷人。我的意思是,只要拥有的东西不多就可以被称为穷人。但这个世界总有10%的人拥有很多的东西;有10%的人拥有很少的东西,但比较来看,也许他们不是那么糟糕。

当我第一次到印度时,就在思考这些问题。那发生在2003年1月,当驾车穿越印度的农村,就会看见可能是低收入的乡村地区。但这启发了我,比较来看,这些农民或者相同收入水平的人也许不会感觉很差。他们不是街上的乞丐,而是这个国家的人民。如果他们有许多处在同一经济水平的同胞,例如,周围的邻居,他们的感受就没有那么差了。如果透过历史看,人类生活在不同的条件下,在非常原始的情况下人类生活了几千年,那么多所谓的现代生活只是近些年才有的事情。人类的历史比这些现代技术古老得多。

记者:您所说的,只是所谓的比较方法下的需求标准问题。西方社会有一种观念,就是我们要的比实际需要的更多。这种贪婪导致我们从第三世界夺取了更多的资源。这是否会引出进一步的对财富的渴望,而这种渴望可能……

约翰·纳什:越富裕的国家……如果消耗更多,就有可能为世界的其他国家提供更多的商业机会,比如进口增多。也就是说,像美国和瑞典这样的国家进口更多,那么这就是其他地区甚至品牌产品的商业机会。但如果美国或瑞典不仅可以生产制造所有所需的制成品,也可以生产所有所需的农产品,他们也就不需要进口任何东西,而是需要出口。

记者:这就是我们今天部分存在的问题,是吗?

约翰·纳什:还有一个政治问题,就是关于对农业进行补贴的欧洲国家。这些国家可以在补贴当地农业的情况下进口农产品,也可以生产农业产成品。例如,德国可以种植大量的小麦并做成面包,但也可能他们不需要种植任何麦子,而是从俄罗斯或者其他什么地方进口。那样的话,贸易就会带来商业机会。

记者:我可以问一个您喜不喜欢都需要回答的问题吗?我想,如同很多人知道的那样,至少有两部电影和一本书描写了您的生活。

约翰·纳什:你说两部电影?

记者:一部是纪录片电影[指《约翰·纳什:伟大的疯狂》(Brilliant Madness)——译注]。

约翰·纳什:哦,纪录片不是电影或电视剧。

记者:是的。那就是一部小说和基于其制作的电影《美丽心灵》。

约翰·纳什:先有小说,然后有了电影,好莱坞的电影。

记者:是的。电影集中关注了您生命当中最困难的日子。对于将您的那样一个版本的生活呈现给公众,您有何感觉?您愿意评论一下吗?另外,还有什么遗漏的吗?

约翰·纳什:你是指电影吗?

记者:是的,那部电影。

约翰·纳什:这部电影比较容易评价。这部电影……当然家庭……我们因为合作和授权而从电影制片人那里获得了一些收入。

这部电影部分解释了精神疾病如何发生、性质如何以及如何演变。当然你所说的精神疾病或可称之为精神分裂症的病症在历史上没有被好好的认识,因而这个病症的患病者也几乎从来没有完全恢复的。他们会成为所谓的心理健康机构的消费者。他们总是服用某种药片,不只是在医院。当他们走出医院时,也不能像一个机能完全正常的人那样过正常的生活,他们不能像正常人那样在经济上自给自足。因此,从经济角度看,他们不能正常地生活。幸运的是,我完全恢复了理智,相比其他大多数病患来说,我能够从事正常的活动,所以我是一个特例。我现在不是精神病人,我不吃药;但我有一个儿子,不幸的是他还在使用药物,并需要做见精神科医生这类事情。我们也不知道将来这个过程会变成怎么样的状况。

但是我被病患困扰了非常长的一段日子,大概25年;大约我30岁患病,所以这个病占据了我相当长的生命历程。

电影对于精神病患者会经历什么进行了很好的刻画。电影在片尾示意患者仍在服用药品,并在停止服药后又开始服用更现代的药品,而患者对服药一直非常抵触。这一点和实际情况不一样。影片导演不想建议患者在被控制的精神状态下生活就停止服药,这样建议是非常危险的。

所以,电影并没有完全向观众展现我的情况,我从1970年就开始不再服药了,现在已经过去差不多35年了,都已经有30多年没有服药了。

记者:这是否对您很重要……

约翰·纳什:即使在那之前,大部分时间我也没有服用药物,所以情况有所不同,不一样。

记者:但是一部被广泛关注的电影一定对您比较重要,它给了您一个新的生活版本的描述,或者是感觉。因为某人拍了一部关于某人的电影,那你可能会说:这就是那部电影,但实际情况有一点不一样。

约翰·纳什:这部电影是艺术作品,它不能准确地描述我实际经历的妄想型思维及其本质,它解释……电影中,主人公看到了想象中的人,看到不同的人实际存在在那里,这不是精神分裂症的典型症状。但这解释了妄想的概念。更普遍的症状是,患者会听到声音,会与神灵或什么并不存在的东西交谈。这是典型的妄想的形式。但在一部电影里你很难对这些进行很好的诠释。我的意思是如果电影可以把人显示出来,那么看电影的人能更好地理解它。这可能发生在精神疾病患者身上,但它是不太常见的形式。

记者:今天和您的交谈非常愉快,也非常高兴能和您进行交谈。我说过老师是为学生开启大门的人,而今后的道路需要学生自己走。在您的大学生涯当中,您遇见过您认为非常重要的老师吗? 他是如何影响您的?

约翰·纳什:确实有一些对我非常有帮助和影响的老师。比如,我只上了一门经济学课程,当时我是匹兹堡的一名大学生,那所大学现在叫卡耐基—梅隆大学。碰巧的是,讲课的老师教授的是国际经济学,更碰巧的是那个老师来自奥地利。实际上,奥地利经济学派被认为是与英美经济学不同的流派。所以我碰巧被一个奥地利经济学家影响,而我认为这是一个非常好的影响。

记者:谢谢您。我非常高兴能够听听您在这里和学生的沟通。感谢您,教授。

约翰·纳什:谢谢你。

(陈侃　蒋琰　译)

纳什访谈录 2

本部分内容节选自美国著名广播机构 PBS 对约翰·纳什教授的专访。详见:http://www. pbs. org/wgbh/amex/nash/。

关于数学

在小学的时候我会做算术,并发现自己相比其他学生会用更大的数字进行运算。在其他学生只用两位数或三位数进行运算时,我已能用多位数进行数学计算,我还会做乘法和其他的基本运算,且都是更大的数字。

青少年时期,我开始使用计算器进行运算,可以加减乘除更大的数字,比如 10 位数。

不只是数学家才会对数字有感觉。即使在我精神错乱期间,我对数字也有很大的兴趣。顺便说一句,最近有一个风格独特的小制作电影 Pi。电影开始时,大串的数字在屏幕上出现,然后有涉及各种事情的人物。影片结尾,这些圣经代码的含义就显现出来了。这些东西和数字结合起来,然而这种结合并不一定是科学的。

大概到 80 年代,或者 70 年代后期我开始更科学地进行思考。所以确实存在这么一个过渡,就是从对数字的热情有如被施以魔法或受到神启,过渡到对数字的科学的感知。当然,这两种状态并不是完全分得开的。

最有创造力的学生

我在西弗吉尼亚州一所叫布鲁费尔德的高中上学,班上有各种各样的学生,包括学习最好的学生、最漂亮的学生、最受欢迎的学生等。而我不是最好的学生,但被评为最有创造力的学生。

所以创造力在我对数学的研究方法中也有影响。我喜欢与众不同的思维和做事方式,并不喜欢跟踪较新的研究。在博弈论研究中,我也是这样做的。我引入了一些别样的想法,这些想法在某种程度上要胜于常人。

作为一名数学系的学生,我需要有一篇数学论文。对此我并不太担心,因为我已经有了一些关于纯数学的很好的想法。那时我完成了实代数流形的研究。但我并没有急于出版这些东西。我花了一段时间写作这篇论文,最终在 1953 年或 1952 年面世。

有人说我是神童,有人说我应该被称为"古怪大脑",因为我有许多想法,但这些想法有些奇怪,或者不是完全经得起推敲。可能这和我的精神疾病有关,当然,这只是一种凭直觉的判断。

虽然当时我没有精神错乱,但有很多不合群的行为,会以各种各样的方法做些奇怪的事情。所以,从总体上看我有自己的行为模式。从某种程度上说,理智是一种服从总体的行为方式。某种程度上,那些患有精神疾病的人是"非顺民",或者说和社会、家庭的愿望(如同我和艾丽西娅对约翰尼的希望一样)不符合,他们不是按照其他人的想法过那种正常工作、赚钱的"有用"的生活。

人们会为正常的家庭生活做好准备,会继续延续家族的生命,以及类似的事情。但总是有一些人做不到这些,这些人可能在精神病院进行治疗,或者他们虽然不在精神病院,但被列入精神病患者的行列。

当然社会并不需要每个人都必须表现出完全正常的行为方式。社会正常运行并允许一些人做不一样的事情,也许这些人不能为社会做出某种贡献。所以,有一些人在以一种不对社会做出任何贡献的方式行事。比如,这些人可能像佛教寺庙的佛教徒一样被某种宗教机构接受,并在那里穿着教袍,经常祈祷,过着有规律的宗教仪式规定的生活;他们的祈祷和宗教生活被认为是非常正常的,但对国民生产总值来说却无任何意义。

但我认为行为古怪也可能和非理性相联系,也许那些古怪行为最少的人被认为是最不可能得精神病患的人。当然,要证明这个想法,我们需要统计数据的支持。

艾丽西娅

她[艾丽西娅(Alicia),纳什的妻子——译注]是我教的班上的学生。我记得那门功课是高级微积分。当然她是吸引我注意的几个女孩儿之一。那门功课她学得一般,但她在其他课程中很优秀。她似乎设法吸引了我的注意力,所以我们开始交往。我不记得所有的细节。但这种事是不应该发生的。当然,学生和老师之间还是有类似的事情发生。有时人们就是如此相遇,我也一样,否则,我可能碰不到什么人。

恶性循环

我患病时感到完全没有压力,并不觉得自己在病中。我有过偏执的状况,因此我的状况不只是精神分裂,而且是偏执型精神分裂。我当时有偏执、偏执型妄想的行为。当时必定也有压力、紧张和忧虑。我不知道事情会演变成什么样,也不想太深入思考这个问题。我知道,如果我真正了解了精神疾病,那就应该考虑改行了。那样我可能会成为一名心理疾病的治疗师或专家,但我没有那样做。

我患病之前有先兆,因此我的病并不是突然来袭的那种。我感到非常矛盾,就辞去了麻省理工学院的职位。当然,这一切都发生得非常突然。刚开始患病时,我不明白发生了什么事,这是我以前不曾经历过的情况。后来,同样的事情再次发生,我立刻就明白发生了什么,并认识到事情已经来不及挽回了,我被疾病俘获了。

幻听

最初,我没有幻听到声音。最初的几年我没有听到这种声音,1959 年开始出现心理紊乱,但直到 1964 年夏天,幻听才产生,我开始和这些幻听进行"争论"。

最后,我开始拒绝这些声音,并决定不再理会这些声音。当然,我儿子也有幻听,如果他能够进步到不再理会这些声音,他可能就会从这种疾病中走出了。

不再理会会让病人不再听到这些声音。实际上病人的自言自语是在和那些声音交谈,如同在梦里一样。在梦里,人们处于典型的非理性状态中。

我当时有过一些哲学思维。我发现自己在用政治概念思考问题,但我同时也发现自己可以批判这些思维,即:用政治概念来进行思考不是很有价值。即使在现在,我有时也认为对一些当下的事件进行政治思考并非是一件好事。有些事别人做也许会更好。

当我开始拒绝那些和我幻听的声音有关的政治思考时,我可以把那些声音当作一种政治辩论,之后我对自己说:我不想再听这些东西了。

对精神疾病的误解

我认为精神疾病或变疯在某种程度上也是一种逃避。人们在很幸福的时候通常不会得精神疾病。一位医生观察到,富人很少会得精神分裂症,越穷,越没有钱,就越有可能得精神疾病。这很自然,如果日子过得很好,你对这个世界感到很满意,那么你就不会逃避。而如果事情不是那么好,那么人们就可能会幻想更美好的东西。

对我来说,我会把自己幻想成为一个比正常情况下重要得多的角色。那时,我获得了一些认可,在专业上取得了一些成就,但却没有处在顶峰的位置上,也没有取得最高层次的认可。为此,我开始胡思乱想,开始将自己视作"世界第一"的那种最重要的人物,并开始视像教皇、总统那样的重要人物为敌人,感到他们试图用各种各样的办法打压我。

人们总是在兜售一种理念,即精神病人很痛苦。治疗师和医生,以及所有的那些机构,都认为他们的工作能够使精神病患者减轻痛苦,或者,施用一些药物后,使精神病患者的痛苦减少并将他们带入一个新的状态中。

我的精神病患经历

我不能自称说我了解精神疾病、精神疾病的病因以及其他所有的相关细节。当然,我认为也没有人可以全部了解这些。人们一直试图发现其中的问题。当今人们喜欢用化学的、基因的以及其他可以想到的任何方法来解释精神疾病。可以想象一下当今的脑部以及脑部特定部位尺寸大小的研究。所以说,这是一个热门的研究领域,但我认为这不是一个简单的领域,而且病患案例各有不同。症状是可以被归类的,你可以根据观察到的行为人的症状来对精神分裂症和病态抑郁症进行定义。

麦克林医院

我知道我在麦克林医院就医,但在那里是为了接受观察,而且我认为我是某个阴谋的受害者,所以我不认为大家是为了我好,可能我当时真是那么想的。

在入院治疗一段时间后,我开始做些短暂的基础性治疗。后来我出院了,并开始重新工作,开始数学研究。我在麦克林医院的时间并不太长。

我在那种情况下被送进医院,通常需要住院很久。我开始意识到,除非我服从管理并表现出正常的行为,否则就不可能出院。因此我部分开始改变,但我并没有将幻觉排除掉,它们后来便出现了,或者被某种事件引发出来,但我会将这些幻觉放到一边,或者很快地接受它。

视觉幻象

类似幻觉一样的事情在电影里(《美丽心灵》)出现过,但是我的幻觉模式和电影里的描述有些不一样。因为电影里主人公看到了不存在的事物,那些不只是想法或者是阴谋,而是他真的认为看见了特定的人。

我从没有产生看见了什么东西的幻觉,但我儿子说他看到了什么。对此我并不是很了解,因为我儿子并不经常和我说这些事情。我有时也怀疑他只是喜欢那么说。

关于精神病院的日子

我是不会自愿去精神病医院的。只是按照约定在出院之后自愿去门诊就医,这就像出院时,按照约定需要定期去看精神病学家那样。当我在进行数学和其他研究工作时,我大概每周会去看一次精神病医生。1965 年或 1966 年左右我去波士顿时,曾看见某人也在看精神病医生,但之后我去那时,再也没有见到过他。

我感觉自己不属于被关押起来的那种病人。如果我要是被关押那类的话,就应该被关押在其他地方了。事实上,我待的地方条件很好,如果这也算关押的话,那么这也是精神病人最好的关押地。也许还有更好的职业治疗方法,比如更好的条件,有事情可做,更好的食物,但我真的不清楚。

那确实是一个逃离的过程。我试图早点离开(精神病院),但事实上却被延期了。我记得我 50 多天后离开的那里。我有一个律师,我就此事和他们争论,总是引用人身保护令的法律规定争论我是否可以离开,但申请并不总是能够被采纳,传统都是如此。

事情的第一次出现在新泽西,警察来到了现场。在法律层面看,我的母亲和妹妹以我的近亲身份参与此事。当然,艾丽西娅也在场。她最初正式涉入此事,但后来却退出了。因为这是件很让人纠结的事。她觉得不被从法律层面卷入更恰当。事实上,很多人,包括我所有的同事,都认为我需要她的参与。他们私下里也都在讨论这件事。

实际上,整个事情的决策是我的妈妈和妹妹做的,她们从弗吉尼亚赶来处理这件事。她们来到我待的地方,提供法律认可的程序,事情就那样被处理了。

我不认为精神病院是什么好地方。当然,麦克林要好一些。我不知道长时间待在那里会是什么样子。只是那些有特权的人才会在那个地方待得更久些。

关于胰岛素休克疗法

我还记得当时的一些事情(使用胰岛素治疗):有一群人在某个特定的地方接受胰岛素休克疗法治疗。之后他们会冲个澡,到室外,喝点糖水。在使用胰岛素之后,患者要立即服用糖水来使胰岛素和糖进行中和。当然,我虽然记得这些事情,但不是以亲历者的方式留下记忆。

(使用胰岛素治疗)对人的记忆会产生影响。这有点像——如果你被麻醉过,你只记得在使用麻醉剂之前的过程。尽管使用胰岛素和麻醉剂不完全一样,但我还是不能以直接经历者的方式记得这些事情。

我开始想到残忍对待动物的问题,因此在特雷敦医院时我变成了一个素食主义者。我想到人们可以对这种疗法进行反对。当然,这种疗法后来越来越少,而且各种不同的疗法都有许多反对声音和反对者。

药物治疗

在很短的一个时间段内我服用药物并在某种程度上接受药物。

之后我离开医院，找到并开始工作。在当时，医院还没有现在所能提供的药物。

我认为药物的作用可能被夸大了。所有的药物实际上都有副作用。

有段时间我不服用药物，也不遵守什么严格的生活戒律。我非常幸运能够离开精神病院，但是在多年之后我才最终停止服药。

有些药物具有长期副作用，我的后遗症还不是很坏。当今的药物要好很多，其中一个原因在于这些药物在被用于治疗精神分裂症时或多或少做过危害性考虑。如果因为服药导致人感到困乏或体重增加，这种副作用是可以接受的；但是如果在较长一段时间你增重很多，那么这就不好了，因为很多健康问题会凸显出来。比如，因为增重导致的心脏、心血管问题等，服药者的寿命可能因此而缩短。

关于幻觉

当我处于病中的时候，我觉得我是一个很重要的人，其中包括我是真主的使者这一类的角色。这是一个穆斯林的概念，特别是它和穆罕默德有关。换句话说，在那时，用一个普通的说法，我是一个使者。我视自己为使者，肩负着特殊的使命。我将这个使命视为兼具支持者和反叛者的意义，而且我认为自己一旦被关进医院，反叛者将会发动政变。

我感到受到了迫害。我认为有一些人——艾森豪威尔总统、教皇和其他一些有权势的人很不喜欢我。我幻想了一个隐藏的世界，在那个世界里，共产党和非共产党也是其中的一部分，他们是主谋。

在早期，我认为我收到了一个信息。后来，我觉得会通过观察一组数字来得到神启。而奇特的巧合被解释为来自上天的信息。

康复之路

我不记得我从一种精神状态转换到另外一种精神状态的准确的时间过程。有一段时间我依靠我母亲生活。她是一个寡妇,直到她去世,我一直和她住在一起,她的去世对我是一个巨大的打击。我突然患上了重病。我不知道在医学概念上我到底患了什么病。

她去世后,我不得不离开那里。我不能依靠妹妹和妹夫生活。我在他们那生活了一小段时间,但后来,可以说我几乎是被赶出来的。我回到了普林斯顿大学,艾丽西娅收留了我。这时,至少我学会了避免做出那种会被再次送进精神病院的行为。

我的儿子目前也是这种状况。他行为正常,大多数时间几乎不用被送进医院,更不会危害自己和他人。现在的标准是:如果一个人被认为对自己或他人是危险的,那么就可以被强制送进医院。但是在20世纪50年代或60年代,只要医疗治疗被证明对患者有帮助,那么患者就会被送进医院。事情就是这样。

当然,现在医院的观念不一样了。我认为,现在的医院更像仓库而不是一个进行多种心理治疗的场所。这些机构非常昂贵。如果考虑到他们只是将患者安置在那里,除了给点药片和住宿外并不能做什么事情时,那就更昂贵了。

疾病是如何康复的

实际上,我不知道我是如何康复的,因为每个人的情况不一样。从统计数字来看,从精神疾病中康复并变成思维正常的人并不是那么罕见。关于精神疾病恢复的案例很早之前就有了,这些案例甚至早于任何的医学治疗和药物治疗。一个令人感兴趣的数据是:药物治疗并没有增加精神病人康复的比例,也没有使更多的人在之后不再需要服用药物或脱离不正常的思维状态。

关于诺贝尔奖及未来

诺贝尔奖开启了另外一种认可,我可以获得这种或那种荣誉,我可能被选举为一个有声望的学会的成员等。这些都直接伴随获奖而来。显然没有诺贝尔奖这些都不可能发生。在获得诺贝尔奖之前,我曾获得过一次认可,这使得后来的获奖成为可能。那个机构叫作计量经济学会。这个学会有两个层次的会员,即普通会员和研究员。要成为研究员必须通过选举。普通会员需要交会员费,而他们可能是经济学家或对经济学感兴趣的人,尤其是对统计学或者类似学科感兴趣的学者。

我就是这样被推荐给计量经济学会的。一经推荐,我的提名就获得通过,我便当选了。这使我受到关注、被认可,并拥有了专业地位。所以我觉得是这件事促使我获得了诺贝尔经济学奖,它大概发生在获奖之前的一两年,但具体时间我忘了。

我不知道未来究竟会发生什么,即使是不太遥远的未来也是如此。当然,除非事情突然变得很坏,或者有什么奇迹发生,未来一般还是指较长的一段时间。

(陈侃 译)